U0167626

住房城乡建设部土建类学科专业“十三五”规划教材
高等学校建筑电气与智能化学科专业指导委员会规划推荐教材

建筑电气与智能化专业导论

本专业指导委员会　组织编写

安徽建筑大学　长安大学　吉林建筑大学　天津城建大学
沈阳建筑大学　北京联合大学　清华大学　苏州科技大学
西安建筑科技大学　长春工程学院　编

王　娜　主编

中国建筑工业出版社

图书在版编目(CIP)数据

建筑电气与智能化专业导论 / 王娜主编 ；安徽建筑大学等编．—北京 ：中国建筑工业出版社，2019.11（2024.6重印）
住房城乡建设部土建类学科专业“十三五”规划教材
高等学校建筑电气与智能化学科专业指导委员会规划推荐教材
ISBN 978-7-112-24062-3

Ⅰ.①建… Ⅱ.①王… ②安… Ⅲ.①智能化建筑-电气设备-建筑设计-高等学校-教材 Ⅳ.①TU855

中国版本图书馆CIP数据核字(2019)第167728号

本教材依据《建筑电气与智能化专业本科教学质量国家标准》《建筑电气与智能化本科指导性专业规范》以及现行的《民用建筑电气设计规范》和《智能建筑设计标准》编写。全书分为6章,第1章介绍建筑电气与智能化专业,第2章和第3章分别介绍建筑电气工程和建筑智能化系统工程的内容,第4章介绍本专业知识体系与课程体系,第5章介绍本专业的发展趋势,第6章介绍本专业的执业范围与执业制度。

本教材作为住房城乡建设部土建学科专业“十三五”规划教材,适用于高等学校建筑电气与智能化专业本科生或开设建筑电气与智能化专业方向的其他专业的本科生和专科生。

本书配有配套课件、请加qq群:703055010下载。

责任编辑:张　健
责任校对:王　瑞　党　蕾

住房城乡建设部土建类学科专业“十三五”规划教材
高等学校建筑电气与智能化学科专业指导委员会规划推荐教材
建筑电气与智能化专业导论
本专业指导委员会　组织编写
安徽建筑大学　长安大学　吉林建筑大学　天津城建大学
沈阳建筑大学　北京联合大学　清华大学　苏州科技大学
西安建筑科技大学　长春工程学院　编
王　娜　主编
*
中国建筑工业出版社出版、发行（北京海淀三里河路9号）
各地新华书店、建筑书店经销
北京科地亚盟排版公司制版
建工社（河北）印刷有限公司印刷
*
开本：787毫米×1092毫米　1/16　印张：9¼　字数：228千字
2021年2月第一版　2024年6月第三次印刷
定价：**35.00**元（赠课件）
ISBN 978-7-112-24062-3
(34559)

序

自20世纪80年代智能建筑出现以来，智能建筑技术迅猛发展，其内涵不断创新丰富，外延不断扩展渗透，已引起世界范围内教育界和工业界的高度关注，并成为研究热点。进入21世纪，随着我国国民经济的快速发展，现代化、信息化、城镇化的迅速普及，智能建筑产业不但完成了“量”的积累，更是实现了“质”的飞跃，已成为现代建筑业的“龙头”，为绿色、节能、可持续发展做出了重大的贡献。智能建筑技术已延伸到建筑结构、建筑材料、建筑能源以及建筑全生命周期的运营服务等方面，促进了“绿色建筑”、“智慧城市”日新月异的发展。

坚持“节能降耗、生态环保”的可持续发展之路，是国家推进生态文明建设的重要举措。建筑电气与智能化专业承载着智能建筑人才培养的重任，肩负着现代建筑业的未来，且直接关系到国家“节能环保”目标的实现，其重要性愈加凸显。

全国高等学校建筑电气与智能化学科专业指导委员会十分重视教材在人才培养中的基础性作用，多年来下大力气加强教材建设，已取得了可喜的成绩。为进一步促进建筑电气与智能化专业建设和发展，根据住房和城乡建设部《关于申报高等教育、职业教育土建类学科专业“十三五”规划教材的通知》（建人专函［2016］3号）精神，建筑电气与智能化学科专业指导委员会依据专业标准和规范，组织编写建筑电气与智能化专业“十三五”规划教材，以适应和满足建筑电气与智能化专业教学和人才培养需求。

该系列教材的出版目的是为培养专业基础扎实、实践能力强、具有创新精神的高素质人才。真诚希望使用本规划教材的广大读者多提宝贵意见，以便不断完善与优化教材内容。

全国高等学校建筑电气与智能化学科专业指导委员会

主任委员

方潜生

前　言

“建筑电气与智能化专业导论”是建筑电气与智能化专业入门教育课程。课程的任务是使学生及早接触专业，了解建筑电气与智能化专业的内涵及特点、专业与社会经济发展的关系、专业涉及的主要学科知识和课程体系、专业人才培养基本要求等，激发学生的学习兴趣和热情，明确学习目的，为专业学习做引导。

为了满足各高校开设“建筑电气与智能化专业导论”课程的教材需求，建筑电气与智能化学科专业指导委员会专门成立了以本专业指导委员会主任方潜生教授为组长、以长安大学王娜教授为主编的《建筑电气与智能化专业导论》教材编写组，研讨教材编写大纲，明确教材主要内容和章节、编写依据和编写原则。教材依据《建筑电气与智能化专业本科教学质量国家标准》、《建筑电气与智能化本科指导性专业规范》以及现行的《民用建筑电气设计规范》和《智能建筑设计标准》编写；在编写原则上，一是力求内容通俗、易懂，增加学生感性认识，使刚进校对专业一无所知的学生初步认识专业并引起学习兴趣；二是力求系统、完整，通过介绍本专业知识体系与课程体系，使学生了解基础课、专业基础课及专业课设置的意义及其之间的关系，培养学生学习专业知识的整体性和系统科学思维方法，通过介绍专业发展、专业执业范围和执业制度，使学生对自己的学业及以后的职业生涯有所规划和展望，使本教材成为学生本科四年的指导性工具书。

本书作为住房城乡建设部土建类学科专业“十三五”规划教材和本专业指导委员会规划推荐教材，编写组汇集了来自全国 10 所高校具有丰富专业教学研究经验和工程实践经验的 11 位专家教授，其中安徽建筑大学方潜生教授和长安大学王娜教授撰写第 1 章，吉林建筑大学王晓丽教授和天津城建大学的黄民德教授撰写第 2 章，长安大学王娜教授撰写第 3 章，长安大学王娜教授、沈阳建筑大学李界家教授和北京联合大学范同顺教授撰写第 4 章，长安大学王娜教授、天津城建大学黄民德教授、清华大学姜子炎副研究员、安徽建筑大学杨亚龙副教授、苏州科技大学付保川教授和西安建筑科技大学于军琪教授撰写第 5 章，长春工程学院段春丽高级工程师、北京联合大学范同顺教授和天津城建大学黄民德教授撰写第 6 章。全书由长安大学王娜教授统稿并担任主编。

本书作为首部建筑电气与智能化专业导论教材，书中可能存在不当之处，敬请使用教材的老师和广大读者提出宝贵意见，使教材在使用过程中不断得到完善。在此也要对教材编写过程中参阅的参考文献的作者表示感谢。

目　录

第1章　认知专业

1.1　建筑电气与智能化

1.1.1　建筑与建筑电气

1. 建筑及其基本要素

建筑是根据人们物质生活和精神生活要求，为满足各种不同社会活动需要而建造的有组织的内部和外部空间环境。建筑包括建筑物和构筑物，建筑物是供人们在其中居住、工作、生产、生活或进行其他活动而建造的房屋或场所，如住宅、公寓、办公、商场、酒店、影剧院等，建筑物在满足功能要求的同时，还需满足人体尺度和人体活动需要的空间尺度以及人的生理要求，主要包括对建筑物的朝向、日照、通风、隔热、保温、防潮、隔声等方面条件的要求；构筑物是指仅满足功能要求，不具备、不包含或不提供人类居住功能的人工建造物，如水塔、桥梁、纪念碑等。本书所说的建筑主要是指建筑物。

建筑构成的基本要素包括建筑功能、建筑技术和建筑形象。

建筑功能是指建筑物在物质和精神方面必须满足的使用要求，是人们建造建筑物的主要目的。任何建筑都具有为人所用的功能，建筑按其使用功能的不同，分为民用建筑和工业建筑。民用建筑包括供人们休息、生活起居的居住建筑（如住宅、公寓、宿舍等）和供人们进行政治、经济、文化科学技术交流等活动的公共建筑（如办公建筑、商业建筑、旅馆建筑、科教文卫建筑以及交通运输类建筑等）；工业建筑是指供人们进行工业生产活动的建筑。

建筑技术是实现建筑功能的手段，内容包括建筑材料与制品技术、建筑结构技术、建筑施工技术和建筑设备技术等。建筑材料与制品是构成建筑的物质基础；建筑结构是利用建筑材料与制品构成的建筑空间骨架，是形成建筑物空间的实体；建筑施工技术是实现建筑生产的过程和方法；建筑设备是改善建筑环境的技术条件，电梯、电气照明、机械通风、空气调节、给水排水等建筑设备改善建筑中的交通环境、光环境、空气环境、热湿环境及卫生环境，创造满足人们生活需要的人工环境，对建筑的发展起着重要的作用。建筑电气与智能化属于建筑设备技术。

建筑除满足人们使用要求外，以它不同的空间组合、建筑造型、细部处理等，构成一定的建筑形象，从而反映出建筑的性质、时代风采、民族风格以及地方特色，给人以精神享受和艺术感染力，满足人们精神方面的要求。

建筑功能、建筑技术和建筑形象三个要素辩证统一。建筑功能是建筑的目的，是主导因素；建筑技术是达到建筑功能的手段，同时技术对功能又有制约和促进的作用；建筑形象是建筑功能、建筑技术与建筑艺术内容的综合表现。建筑电气与智能化作为建筑技术的内容，在满足建筑功能、烘托建筑形象方面发挥着越来越重要的作用。例如：有了电能和光源，人们才能开辟夜间生活，城市里的夜景才变得流光溢彩；有了信息技术的快速发展，才出现了今天的“智能建筑”。科技进步影响着人们的生活方式，人们对建筑功能及建筑形象要求不断提高的同时也促进建筑技术包括建筑电气与智能化技术的持续发展。

2. 建筑电气及其发展

电能从 19 世纪 70 年代作为新能源进入生产领域，世界即由“蒸汽时代”进入“电气时代”，被称为近代历史上第二次工业革命。由于电能可以通过发电厂和电力网集中生产、分散使用，具有便于传输和分配、易于与其他形态的能量相互转换、能够实行快速及精确控制的优点，已经成为人类现代社会最主要的能源形式和能量转换的枢纽，也是当今时代信息处理和传输技术的基础。

建筑电气工程的作用是接受和分配电能、应用电能、利用电能来传递和处理信息，因而建筑电气工程的内容主要包括接受和分配电能的供配电系统、应用电能的电气照明系统、建筑动力系统、防雷接地系统和利用电能传递和处理信息的建筑智能化系统。接受和分配电能的供配电系统由变压设备和低压配电装置组成，其作用是将输电线路送来的 10kV、35kV 或以上的电压转换为建筑物内用电设备运行的允许电压（额定电压）（380V/220V）并分配，是建筑物的电源部分；应用电能的电气照明系统将电能转换为光能，在天然光达不到要求时，实现功能性（实用性）照明和装饰性（艺术性）照明，满足人们生活和工作的实际需要和满足心理、精神上的观赏需要；应用电能的动力系统向建筑物内的动力设备（包括水泵、锅炉、空气调节设备、送风和排风机、电梯、试验装置等）供电，将电能转换成机械能、热能等供人们使用；建筑防雷装置将雷电引泄入地，使建筑物免遭雷击，建筑接地装置把电气设备或其他物件和地之间构成电气连接，实现电气系统与大地相连接的目的；利用电能传递和处理信息的建筑智能化系统实现建筑物内部及内部与外部间的信息交换、信息传递以及信息控制等功能，包括支持建筑物中的语音（电话）、数据（计算机）、多媒体（电视、会议、信息发布与引导）信息传输的信息设施系统、包括火灾自动报警、安全技术防范、应急响应等的公共安全系统，以及对建筑物中各种机电设备进行统一监控与管理的建筑设备管理系统等。

建筑电气技术是随着建筑技术和电气科技的发展而同步发展的。20 世纪 50～60 年代我国建筑工程设计并没有建筑电气专业，只设有建筑、建筑结构、建筑设备等专业，其中设备包括给水排水、供暖、通风、空调和电气，当时建筑电气设计的内容主要是供配电、照明和动力，因为是交流 220V 及以上的用电，故称为强电。到 20 世纪 70～80 年代建筑电气的设计内容增加了传递语音、图像、数据等信息的电话、广播、电视及自动消防等系统，因为处理的对象是信息，与用于电能传输、转换与使用的强电系统相比，电压低、电流小、功率小，故称为弱电，当时强弱电没有分开，统称为建筑电气，但在工程设计中已作为独立专业从设备专业中分立出来，此即传统的建筑电气，也称为狭义的建筑电气。20 世纪 90 年代随着智能建筑在我国的发展，支持建筑物与建筑群中信息传输的综合布线系统、计算机网络系统以及创建安全、舒适、方便、快捷的建筑环境的安全技术防范系统、建筑设备管理系统等建筑智能化系统相继应用，建筑电气的内容日益丰富，建筑电气进入现代建筑电气时代，也称为广义的建筑电气。随着内容日益增多，建筑电气按应用电能和利用电能传递、处理信息分为强电和弱电两个部分。强电包括向人们提供电力能源的变配电系统和将电能转换为其他能源的动力、照明、防雷接地等；弱电系统包括用于信息交换、传递及控制的电话、广播、电视、自动消防以及内容日益丰富的公共安全、信息化应用和建筑设备管理等建筑智能化系统。

1.1.2　智能建筑与建筑智能化

1. 智能建筑的概念及内涵

智能建筑（Intelligent Building，IB）的概念最早出现在美国，1984年美国康涅狄格州哈特福德市改建完成的City Place大楼是世界公认的第一座智能建筑。该大楼采用计算机技术对楼内的空调、供水、防火、防盗及供配电系统等进行自动化综合管理，并为大楼的用户提供语音、数据等各类信息服务，为客户创造舒适、方便和安全的环境。随后日本、新加坡及欧洲各国的智能建筑相继发展。我国智能建筑的建设起始于20世纪90年代初。随着国民经济的发展和科学技术的进步，人们对建筑物功能要求越来越高，尤其是随着全球信息化的发展和物联网技术的应用，智能建筑作为智慧城市的基本单元，有着极大的发展潜力和空间。

智能建筑是建筑技术和信息技术相结合的产物，建筑是主体，应用于建筑的信息技术赋予建筑“智能”。目前对智能尚无统一的定义。一般认为，智能是指个体对客观事物进行合理分析、判断及有目的地行动和有效地处理周围环境事宜的综合能力。人的智能包括感知能力、行为能力和思维能力。感知能力是指人通过视觉、听觉、触觉等感觉器官感知客观世界，获取外部信息的能力，这是产生智能活动的前提条件和必要条件；行为能力是指人通过手、足、喉等器官对外界刺激的输入信息做出相应于输出信息的反应或行动的能力；思维能力是指人通过大脑完成记忆、联想、推理、计算、分析、比较、判断、决策、规划、学习、探索等思维活动，实现对感知到的外部信息加工处理，将其上升为理性知识的能力。人工智能（Artificial Intelligence，AI）研究、开发用于模拟、延伸和扩展人的智能的理论、方法、技术及应用系统，其本质是模拟人思维的信息过程。在信息科学中用信息加工的观点和方法来研究解释人的思维现象，即人类的感知能力是获取信息，行为能力是执行信息，思维能力是加工处理信息，处理信息的结果用于指导主体的行为输出，为主体的生存和发展服务。而信息技术即是在信息科学的基本原理和方法的指导下扩展人类信息功能的技术，主要包括感测技术、通信技术、计算机技术和控制技术。智能建筑中，感测技术获取信息，赋予建筑感觉器官的功能，通信技术传递信息，赋予建筑神经系统的功能，计算机技术处理信息，赋予建筑思维器官的功能，控制技术使用信息，赋予建筑效应器官的功能，使信息产生实际的效用，实现建筑“智能”。我国《智能建筑设计标准》GB/T 50314—2015，对智能建筑的定义是“以建筑物为平台，基于对建筑各类智能信息化综合应用，集架构、系统、应用、管理及优化组合为一体，具有感知、传输、记忆、推理、判断和决策的综合智慧能力，形成以人、建筑、环境互为协调的整合体，为人们提供安全、高效、便利及可持续发展功能的建筑。”

2. 建筑智能化

为了实现智能建筑安全、高效、便利及可持续发展的目标，智能建筑的建筑平台要以绿色建筑和可持续发展为目标，通过设置各个智能化系统，使建筑具有感知、传输、记忆、推理、判断和决策的综合智慧能力，以满足安全、高效、便利及可持续发展功能需求。

为满足安全性需求，智能化系统中设置公共安全系统，内容包括火灾自动报警系统、安全技术防范系统和应急响应系统，使建筑具有危险源识别的感知能力（应用感测技术探测火灾、非法入侵等风险事件的发生）、响应和处理风险思维能力（应用计算机技术对探测的信息进行判断和决策，）和应急保障的行为能力（应用控制技术把决策体现出来，比如入侵报警、火灾自动报警、联动消防灭火设施等）。

为满足舒适、健康、高效和可持续发展的需求，建筑智能化系统中设置建筑设备管理系统，其感知能力是利用感测技术实时检测室内外空气的温湿度、照度、各污染物浓度以及气流速度等环境参数，思维能力是根据感测到的各类环境参数数据通过计算机与环境参数理想值比较，判断其是否处于正常范围内，而行为能力是根据判断的结果，采用优先利用自然资源的控制策略对建筑设施（门窗、遮阳设施）、建筑设备（供暖、通风及空调、照明）进行控制，创建舒适节能的建筑环境，提高楼内工作人员的工作效率与创造力，同时通过对建筑物内大量机电设备的全面监控管理，实现多种能量监管，达到节能、高效和延长设备使用寿命的目的。

为满足工作上的高效性和便利性，在智能化系统中设置方便快捷和多样化的信息设施系统和信息化应用系统，创造一个迅速获取信息、处理信息、应用信息的良好办公环境，达到高效率工作的目的。

由此可见，为了实现智能建筑安全、高效、便利及可持续发展的目标，智能建筑中需设置公共安全系统、建筑设备管理系统、信息设施系统和信息化应用系统，这些系统在智能建筑中并非独立堆砌，而是利用计算机网络技术，在各系统间建立起有机的联系，把原来相对独立的资源、功能等集合到一个相互关联、协调和统一的智能化集成系统之中，对各子系统进行科学高效的综合管理，以实现信息综合、资源共享。因而智能建筑的智能化是通过公共安全系统、建筑设备管理系统、信息设施系统、信息化应用系统和智能化集成系统共同实现的。

1.2 建筑电气与智能化专业

1.2.1 专业性质与任务

建筑电气与智能化专业是在土木工程学科背景下，研究以建筑物为载体，对电能的产生、传输、转换、控制、利用和对信息的获取、传输、处理和利用的专业。根据2012年教育部《普通高等学校本科专业目录》，建筑电气与智能化本科专业（专业代码为081004）与土木工程、建筑环境与能源应用工程、给水排水科学与工程等专业同属于工学门类的土木类专业。

建筑电气与智能化专业的任务是培养适应社会主义现代化建设需要，德、智、体、美全面发展，知识、能力和素质协调发展，掌握建筑电气与智能化专业的基础理论和专业知识，具有建筑电气及智能化工程设计、施工管理、运行维护和技术开发与应用能力、基础扎实、知识面宽、综合素质高、实践能力强、有创新意识、具备执业注册工程师基础知识和基本能力的建筑电气与智能化专业高级工程技术人才。

1.2.2 专业的特点

1. 多学科交叉

建筑电气与智能化是在建筑的平台上综合运用电气技术与信息技术提升建筑使用功

能，其技术涉及土建和电气、信息等多个领域，因而建筑电气与智能化专业的重要特征是学科交叉与融合。学科（Discipline）是与知识相联系的一个学术概念，是指知识体系的科目和分支，比如电气工程、土木工程等；专业（Specialty）是高等学校根据社会专业分工需要所分成的学业门类，比如建筑环境与能源应用工程专业、建筑电气与智能化专业等。学科与专业相互依存，相互促进，专业是在一定学科知识体系的基础上构成，而学科的发展又以专业为基础。一个学科可在不同专业领域中应用，而在不同学科之间也可以组成跨学科专业，建筑电气与智能化专业即是由电气工程、控制科学与工程、土木工程等多学科组成的跨学科专业，其主干学科为电气工程、控制科学与工程、土木工程；相关学科为计算机科学与技术、信息与通信工程、建筑学。

2. 动态发展

随着经济的快速发展和人们生活水平的不断提高，人们对建筑物服务功能的需求不断增长。为了满足使用功能与众多服务的要求，建筑电气与智能化应用内容越来越多，不仅要为建筑物中大量的建筑设备提供安全可靠的电源，还需要对这些数量多且分布广的建筑设备进行实时监测与控制，而且随着建筑技术、电气技术和信息技术的发展，建筑电气与智能化工程中新技术、新应用不断增加。一方面，传统的建筑电气技术纵深发展，比如建筑电气设备绿色化和智能化；另一方面，智能化应用广度拓展，比如为了实现绿色建筑目标，建筑智能化系统不仅要满足建筑物对信息流与能源流的分配与控制，而且要实现各种节能控制与优化管理，通过“智慧管理”来实现节能及可持续发展。另外随着智慧城市建设步伐的加快，智能建筑作为智慧城市中的一个信息节点，更多的新技术将拓展智能化应用。因而建筑电气与智能化高等教育的内涵及技术内容也随着建筑电气与智能化技术的持续发展而日益丰富并持续发展。

3. “新工科”专业

建筑电气与智能化专业属于工程类专业。工程类专业的培养目标是在相应的工程领域从事规划、勘探、设计、施工、原材料的选择研究和管理等方面工作的高级工程技术人才，主要培养有实际应用能力的工程技术人员。当前，以新技术、新业态、新产业为特点的新经济蓬勃发展，新经济的发展对传统工程专业人才培养提出了挑战。因为新经济是一个动态的、相对的概念，经济发展的特点是推陈出新，因而相对于传统的工科人才，未来新兴产业和新经济需要的人才应该能够认知社会信息化过程的变化以及科学工程技术在信息化社会变化中的推动作用，不仅能运用所掌握的知识去解决现有的问题，也有能力学习新知识、新技术去解决未来发展出现的问题，不仅在某一学科专业上学业精深，而且还应具有“学科交叉融合”特征，这就是新经济时代所需要的高素质复合型“新工科”人才。建筑电气与智能化专业即是以新经济、新产业为背景，凸显学科交叉与综合特点的新兴工科专业，因而建筑电气与智能化专业人才培养理念是应对变化、塑造未来、继承创新、交叉融合，培养目标是具有可持续竞争力的创新型新工科人才。

1.2.3　专业应用

在住房城乡建设部《建筑业发展十三五规划》中，明确将“在新建建筑和既有建筑改造中推广普及智能化应用，完善智能化系统运行维护机制，逐步推广智能建筑”作为推动建筑产业现代化的内容之一，而且随着我国新型城镇化和高新技术产业的大力发展，建筑智能化外延日益扩展，其范围已发展到智慧社区、智慧城市等领域，“建筑电气与智能化”

专业人才就业前景广阔。“建筑电气与智能化”专业毕业生就业主要面向建筑行业工程单位，从事工业与民用建筑电气及智能化技术相关的工程设计、工程建设与管理、运行维护等工作，并可从事建筑电气与智能化技术应用研究和开发。

1. 工程设计

工程设计是指对工程项目建设提供有技术依据的设计文件和图纸的整个活动过程，是建设项目生命期中的重要环节。建筑工程设计是指设计建筑物或建筑群所要做的全部工作，包括建筑设计、结构设计、设备设计等三方面的内容。建筑设计是“建筑学”范围内的工作，由建筑师完成，设计的内容包括建筑主体设计、外墙设计、景观设计、室内设计，施工图包括总平面图、平面图、立面图、剖面图和详图。建筑设计在整个建筑工程设计起着主导和先行作用，因此建筑设计又被称为先行专业或主导专业；建筑结构设计是根据建筑设计选择切实可靠的结构方案，通过包括地基基础、竖向构件（如墙、柱、支撑）、水平构件（如梁、板）、交通构件（如楼梯、电梯）等结构元素形成建筑物或构筑物的结构体系及结构图纸，通过结构图纸去指导结构施工。建筑结构设计涉及房屋的安全，稳定，抗震等，由土木工程专业结构工程师完成；建筑设备是指建筑物内为建筑物的使用者提供生活、生产和工作服务的各种设施和设备系统，建筑设备设计主要包括给水排水、供暖通风空调、建筑电气与智能化等方面的设计，由相关专业的工程师配合建筑设计来完成。设备施工图主要表示各种设备、管道和线路的布置、走向以及安装施工要求等，设备施工图一般包括平面布置图、系统图和详图。现代化建筑工程设计，是一个多专业多工种互相协调、密切配合、交叉作业、联合行动的设计群体组合，建筑电气与智能化工程设计作为设备设计的内容，设计人员必须了解其他专业的相关知识。

建筑电气与智能化专业的毕业生可以从事建筑电气与智能化系统设计工作。设计工作的全过程分为搜集资料、初步方案、初步设计、施工图设计等几个工作阶段。其中初步方案设计是由建筑师主持并组织各专业参与做出总体规划方案设计，建筑电气与智能化专业设计人员根据工程主持人给出的建筑的各项技术参数和用户使用需求，按照国家现行的建筑电气工程及智能化工程设计标准、规范，提出建筑电气与智能化系统初步方案；初步设计是初步方案的深化，是施工图设计和施工组织设计的基础；施工图设计主要通过图纸，把设计者的意图和全部设计结果表达出来，作为施工的依据，是设计与施工工作的桥梁。一般工程施工图图纸还包含图纸目录、设计说明和必要的设备、材料表等内容。

2. 施工管理

建筑工程施工是将设计师的创意、理念以及构思转化为工程实体的过程。建筑电气与智能化工程施工即是实施和实现建筑电气与智能化设计的过程，分为施工准备、施工安装及调试、竣工验收三个阶段。施工准备首先要熟悉和掌握相关的安装施工及验收规范和标准，熟悉和审查图纸，了解图纸设计意图，掌握设计内容及技术要求，核查土建与安装图纸之间有无矛盾和问题，明确各专业间的配合关系，制定科学合理的施工组织方案。施工安装首先是进行现场勘察，与土建等专业配合，做好各电气管路的预留和埋设工作，根据图纸要求做好接地装置的施工，确定配电设备、照明设备、建筑智能化系统设备的位置，配合土建施工预埋管线支架、安装设备支吊架、安装电缆桥架及线槽、穿放电缆（对于供配电系统，是在与导管连接的柜、屏、台、箱、盘安装完成后穿线）、安装设备、系统调试（先单体设备或部件调试、后整体系统调试）。竣工验收分为隐蔽工程、分项工程和竣工工程三项步骤进行，隐蔽工程是对包括线管预埋、直埋电缆、接地极等的验收，分项工程验收是指某阶段工程结束或某一分项工程完工后的验收，竣工验收是对整个工程建设项目的综合性检查验收，检查有关的技术资料、工程质量、发现问题及时解决。

本专业的毕业生在施工单位主要从事施工工程技术管理和质量管理，即在整个工程施工全过程中，执行和贯彻国家、行业的技术标准和规范，严格按照建筑电气与智能化系统工程设计的要求，在提供设备、线材规格、安装要求、调试工艺、验收标准等一系列方面进行技术监督和行之有效的质量管理。

3. 工程监理

根据《中华人民共和国建筑法》，我国建筑工程实行监理制度，工程监理单位是从事建设工程监理与相关服务活动的服务机构。建设工程监理单位受建设单位委托，根据法律法规、工程建设标准、勘察设计文件及建筑工程合同，对承包单位在施工质量、建设工期和建设资金等方面，代表建设单位实施监督，在施工阶段对建设工程质量、造价、进度进行控制，对合同、信息进行管理，对工程建设相关方的关系进行协调，并履行建设工程安全生产管理法定职责的服务活动。建筑电气与智能化工程监理作为建筑工程监理的一个专业分支，其职责是根据本专业的特点对施工阶段施工单位按投资额完成全部工程任务过程中，围绕工程质量控制、进度控制和造价控制而展开的对工程建设的监督和控制，本专业的毕业生可在工程监理单位从事建筑电气与智能化工程监理工作。

4. 建筑电气与智能化系统运行管理

建筑电气与智能化系统运行管理是建筑电气与智能化系统正常运行的保证，需要专业的建筑电气与智能化管理人才。建筑电气与智能化系统运行管理包括电气设施的运行管理和建筑智能化系统的运行管理。电气设施的运行管理包括变配电所的运行维护、电力变压器的运行维护、配电装置的运行维护和电力线路的运行维护；建筑智能化系统运行管理是针对建筑智能化设备及系统的综合管理，只有保证智能化系统正常运行，才能实现智能建筑安全、高效、便利及可持续发展的目标。在智能建筑中建筑电气与智能化系统运行管理是基于建筑设备综合管理系统平台，通过对包括建筑电气设备在内的各类建筑设备和建筑智能化系统设备的实时监控，保证设备和系统正常运行，达到最佳性能，而建筑设备综合管理系统是一个人机系统，其高效可靠的运行，需要建筑电气与智能化专业管理人员的维护和管理。本专业的毕业生可在工程建设或物业管理单位从事建筑电气与智能化系统运行管理工作。

5. 应用研究和开发

随着建筑技术、电气技术及信息技术的发展和人们对建筑服务功能要求的不断提高，建筑电气与智能化技术及产品的发展与创新持续不断。比如当前随着绿色建筑、物联网、大数据、云计算以及人工智能等技术的快速发展和应用，传统的建筑电气产品向绿色、节能、环保和智能的方向发展，建筑智能化系统和产品向智慧化应用和可持续发展方向发展，因而建筑电气与智能化技术应用研究和开发也是建筑电气与智能化专业重要的应用领域。本专业的毕业生可在建筑电气及智能化技术研究及产品开发单位从事建筑电气与智能化技术研究与产品开发工作。

第 2 章　建筑电气工程

由第 1 章可知建筑电气分为狭义建筑电气和广义建筑电气。广义建筑电气的内容包括接受和分配电能的供配电系统、应用电能的电气照明系统、建筑动力系统、防雷接地系统和利用电能传递和处理信息的建筑智能化系统，狭义建筑电气的内容不包括建筑智能化系统。因为本书第 3 章专门介绍建筑智能化系统工程，因而本章主要是狭义建筑电气的内容，包括建筑供配电系统、电气照明系统以及电气安全等。

2.1　建筑供配电系统

建筑供配电系统是建筑电气最基本的系统，主要由变压设备和配电装置组成，其作用是将输电线路送来的 10kV、35kV 或以上的电压转换为建筑物内用电设备运行的允许电压并分配，为建筑物各种用电设备提供电能，为建筑内部系统安全、可靠、经济运行提供保证，也是人们工作、生活的基本保障。因此，建筑供配电系统是建筑电气与智能化专业知识体系中的重要内容，是建筑电气工程知识领域中的核心知识单元，也是建筑电气与智能化专业的专业核心课程。为了让大家对后续将要学习的建筑供配电系统这门专业核心课程有所了解，在此对建筑供配电系统做一概述。

2.1.1　建筑供配电系统的组成

从建筑物内用电设备的角度来看，建筑供配电系统是它的电源，但从电力系统的角度来看，建筑供配电系统是电力系统的一个用户，因而在介绍建筑供配电系统之前，先介绍电力系统的组成及特点。

1. 电力系统的组成及特点

电力系统由发电厂、电力网及电能用户组成，如图 2-1 所示。

发电厂一般建在水力、燃料资源比较丰富的边远地区，而电能用户往往集中在城市和工业中心，由于传输电功率的大小等于电压和电流的乘积，在输送同样的功率时，如果电压提高，电流就可以减小，电流通过导线电阻引起的电热损耗就会减小，所以电能从发电厂必须经过升压变电站升压，再通过高压输电线路送到用电中心，然后再经过降压变电站和配电站降压才能合理地把电能分配到电能用户，现将各环节简要说明如下：

发电厂：是将水力、煤炭、石油、天然气、风力、太阳能及原子能等能量转变成电能的工厂。

变电站（所）：是变换电压和交换电能的场所，由电力变压器和配电装置所组成，按变压的性质和作用又可分为升压变电站（所）和降压变电站（所）两种，对于没有电力变压器的称为配电站（所）。

电力网：是输送、交换和分配电能的装备，由变电所和各种不同电压等级的电力线路所组成。电力网是联系发电厂和用户的中间环节。

供配电系统：由发电、输电、变电、配电构成的系统。而建筑物、构筑物内部的供配电系统是由变（配）电站、供配电线路和用电设备组成，如图 2-1 所示虚线框部分。虚框内系统就是我们将要学习的建筑供配电系统的内容。

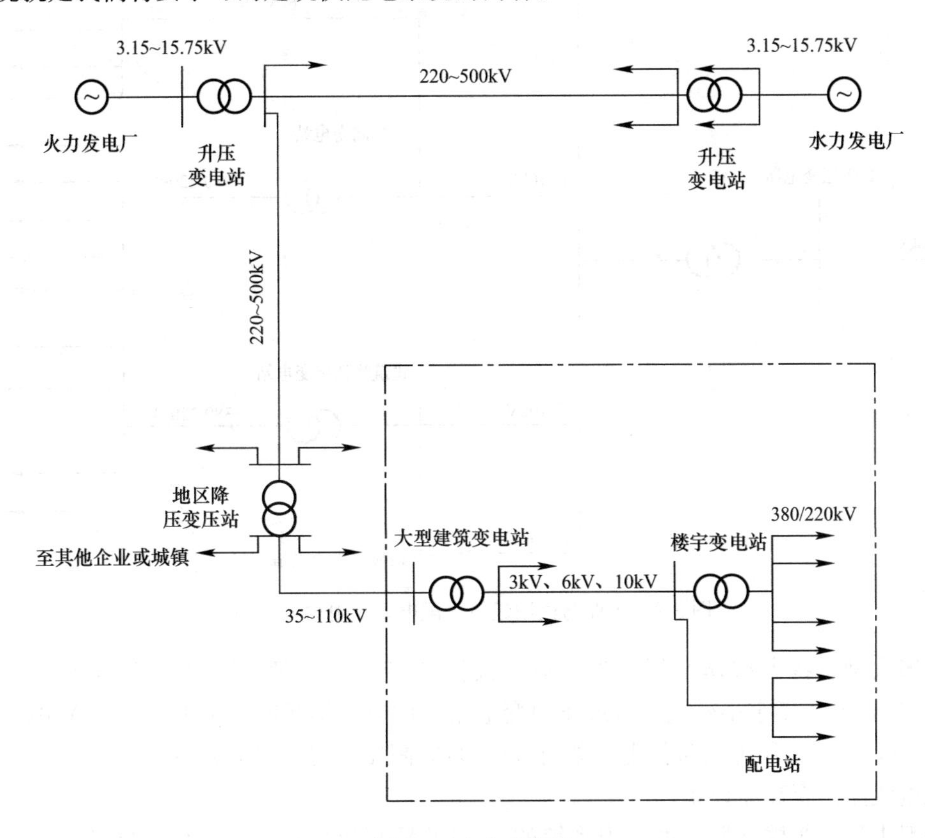

图 2-1　电力系统图

电能与其他能量的生产与运用有显著的区别，因而电力的特点如下：

(1) 电力生产过程是连续的，发电、输电、变电、配电和用电这五个生产环节在同一瞬间完成，而且发电、供电、用电之间，必须时刻保持基本平衡。

(2) 电力作为广泛利用的二次能源，一般不能大规模储存。

(3) 电力系统中的暂态过程非常短，即电力系统发生短路或由一种运行状态切换到另一种状态的过渡过程非常短暂，仅有百分之几甚至千分之几秒，因此为了使电力系统安全、可靠地运行，必须有一整套的继电保护装置。

(4) 电能易实现自动控制，分配控制简单，可进行远距离自动控制。随着电子技术和计算机技术的发展，可实现对电力系统的计算机监控和管理，大大提高了供配电系统的可靠性、安全性、灵活性。

2. 建筑供配电系统的组成

工业与民用建筑供配电系统在电力系统中属于建筑楼（群）内部供配电系统，由高压供电（电源系统）、变电站（配电所）、低压配电线路和用电设备组成，其系统图如图 2-2 所示。

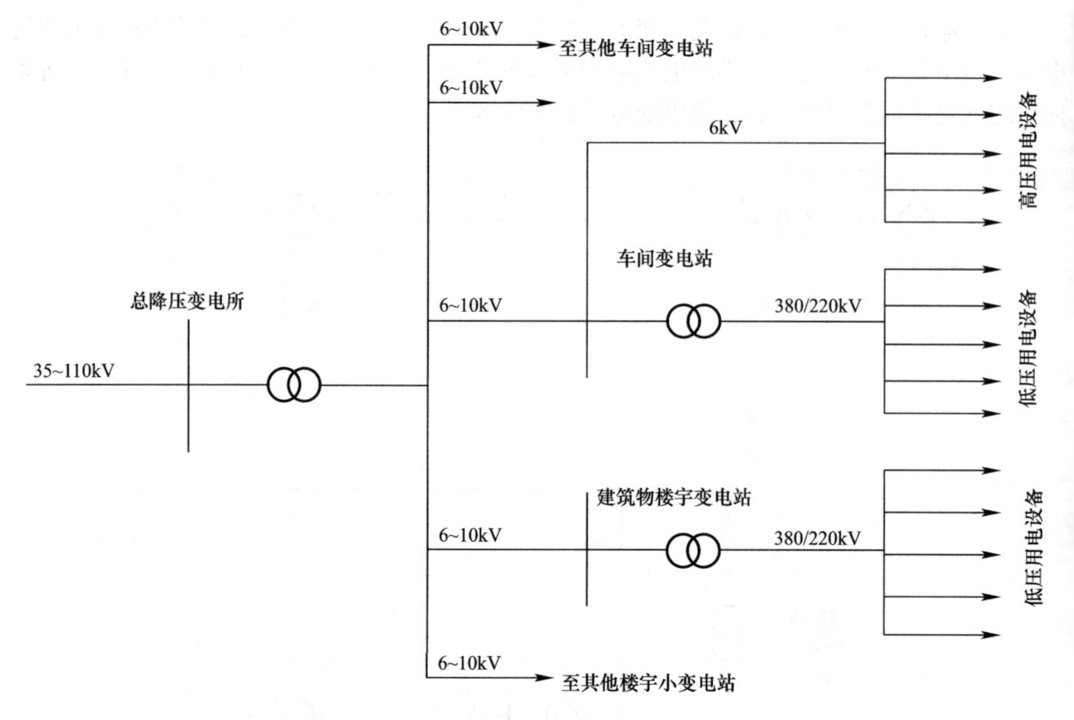

图 2-2　工业与民用建筑供配电系统电力系统图

一般大型、特大型建筑楼（群）设有总降压变电所，把 35～110kV 电压降为 6～10kV 电压，向各楼宇小变电站（或车间变电站）供电，小变电站再把 6～10kV 电压降为 380/220V，对低压用电设备供电，如有 6～10kV 高压用电设备，经配电站引出 6～10kV 高压配电线路送至高压设备。

一般中型建筑楼（群）由电力系统的 6～10kV 高压供电，经高压配电站送到各建筑物变电站，经变电站把电压降至 380/220V 送给低压用电设备。

一般小型建筑楼（群），只有一个 6～10kV 降压变电所，使电压降至 380/220V 供给低压用电设备。

一般用电设备容量在 250kW 或需用变压器容量在 160kVA 及以下，可以采用低压方式供电。

建筑供配电系统包括一次系统和二次系统。

（1）一次系统

一次系统是将电力变压器、开关电器、互感器、母线、电力电缆等电气设备按一定顺序连接而成的接受和分配电能的电路，又称主接线系统。如图 2-3 所示。

一次系统中主要电气设备的作用：

电力变压器：电力变压器在变电所中是最重要的电气设备，在建筑变电所中起着降低交流电压并进行能量传输的作用。图 2-3 中 T1、T2 就是把 10kV 电压降低到 380V 供给用户使用。

各种开关电器：各种开关电器起着接通和切断电流的作用，图 2-3 中断路器是各种开关中功能最全的电气设备，它不仅能够接通和切断正常负荷电流，还能够切断巨大的短路电流，并可起到过载、欠压等保护作用。

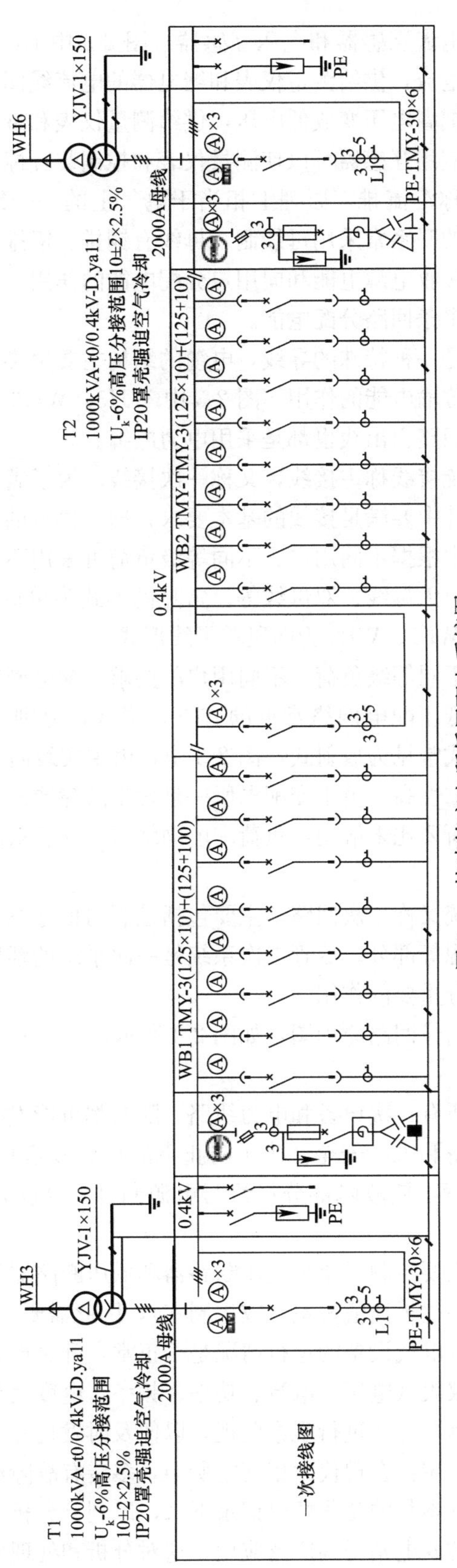

图 2-3　某建筑变电所低压配电系统图

互感器：互感器分为电流互感器和电压互感器。图 2-3 中 L1 即为电流互感器，电流互感器是把大电流变成小电流，供给测量仪表和继电器的电流线圈，用于间接测量和控制大电流等；电压互感器是把高电压变成低电压，供给测量仪表和继电器的电压线圈，用于间接测量和控制高电压。应用互感器可以使测量仪表和控制装置标准化和小型化。

母线：所谓母线，又称汇流排，原理上相当于电气上的一个结点，当用电回路较多时，输出线路和电源之间的联系常采用母线制，母线有铜排、铝排，图 2-3 中 WB1、WB2 即为两段铜母线，它起到接收电源电能和向用户分配电能的作用，即它们分别接收两台变压器电能，并向用户输出多条回路分配电能。

电力电缆：电力电缆是一种特殊的导线，电缆的结构主要由导体、绝缘体和保护层三部分组成，电力电缆起到传输电能的作用。图 2-3 中 WH3、WH6 是给两台变压器输送电能的电力电缆，多条输出回路引出线也都是采用电力电缆。

变配电所中的一次系统接线称主接线，又称一次接线。为了满足不同等级负荷和不同用户的要求，主接线在设计中要满足接线的基本要求，即：供电的可靠性、灵活性、安全性和经济性。因此在设计中根据不同用户、不同等级负荷可采用不同形式的主接线。常见的主接线形式有：单母线、无母线、双母线等。常见的形式为单母线。如图 2-3 所示，为单母线分段接线形式，即 WB1、WB2 为两段单母线形式。

同样道理，为了满足不同等级负荷、不同用户的要求，配电网络形式也不同，无论是企业还是民用建筑，高、低压配电网络常见的有三种形式，分别为放射式、树干式和环式。变配电所配电网络形式常见为放射式，图 2-3 中，由主接线向负荷配电均采用的是放射式，这种形式的供电可靠性高。由于变配电所一旦发生故障或停电，影响范围要比末端用户大很多，所以变配电所要比末端用户负荷配电网络可靠性要求高。

（2）二次系统

供配电系统的二次系统又称二次回路，主要包括控制与信号系统、继电保护与自动化系统、测量仪表与操作电源等部分。尽管二次系统是一次系统的辅助部分，但它对一次系统的安全可靠运行起着十分重要的作用。

断路器基本的控制、信号回路原理图，如图 2-4 所示。

二次系统的主要作用：

保护作用：变电所内所有一次设备和电力线路，随时都可能发生短路故障，强大的短路电流将严重威胁电气设备和人身安全。为了防止事故扩大漫延并保证设备和人身安全，必须装设各种自动保护装置，使故障部分尽快与电源断开，这就是继电保护装置的主要任务。

控制作用：变电所的主要控制对象是高压断路器和低压断路器等分合大电流的开关设备，由于它们的安装地点往往远离值班室（或控制室），因此需要实现远距离控制操作。

监视作用：变电所各种电气设备的运行情况是否正常，开关设备处于何种位置，必须在值班室中通过各种测量仪表（电压、电流、功率、频率、电度表等）和信号装置（各种灯光、音响、信号牌、显示器等）进行观察监视，以便及时发现并尽快采取相应措施。

事故分析与事故处理作用：在现代大型变电所中，多装有故障滤波器和多种自动记录仪表，能将系统故障时电气参数的变化情况记录下来，以利于分析事故。计算机实时监控技术目前已在新建及扩建的变电站得到广泛应用，这对分析和处理事故更为有利。

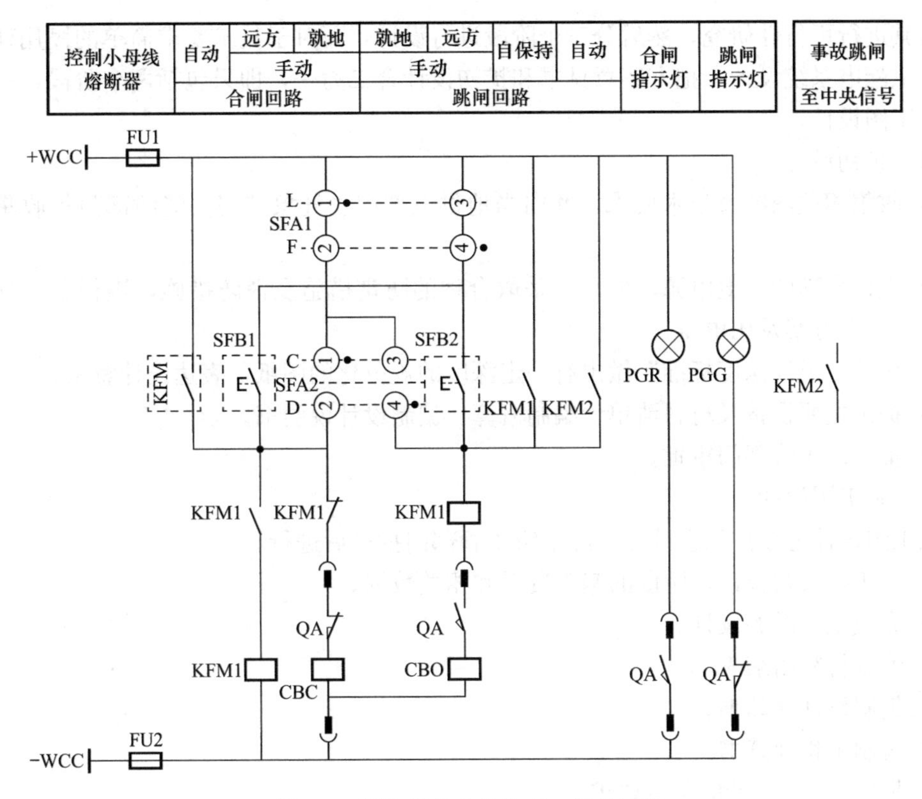

图 2-4　断路器基本的控制、信号回路

自动化作用：为保证电力用户长期连续供电，变电所需要装设必要的自动装置，例如自动重合闸装置、备用电源自动投入装置、按频率自动减负荷装置、电力电容器自动投切装置等。

随着计算机技术的发展，变电站综合自动化系统采用微机型继电保护装置、微机监控、微机远动、微机滤波装置。利用多台微型计算机和大规模集成电路组成的自动化系统，代替常规的测量和监视仪表，代替常规控制屏、中央信号系统和远动屏，代替常规的继电保护，改变常规的继电保护装置不能与外界通信的缺陷。变电站综合自动化系统可采集到比较齐全的数据和信息，利用计算机的高速计算能力和逻辑判断功能，监视和控制站内各种设备的运行和操作。具有功能综合化、结构微机化、操作监视屏幕化、运行管理智能化等特征。它的出现为变电站的小型化、智能化、扩大控制范围及变电站安全可靠、优质经济运行提供了现代化手段和基础保证。它的应用将为变电站无人值班提供强有力的现场数据采集及控制支持。

2.1.2　建筑供配电系统设计

在供配电系统设计中，要按照国家建设工程的政策与法规，依据现行国家标准及设计规范，按照建设单位的要求及工程特点进行合理设计。所设计的供配电系统既要安全、可靠；又要经济、节约，还要考虑系统今后的发展。

1. 供配电系统设计程序

供配电系统设计首先进行可行性研究，然后分三个阶段进行：确定方案意见书；扩大初步设计（简称扩初设计）；施工图设计。在建造用电量大、投资高的工业或民用建筑时，需要对其进行可行性研究，然后分三个阶段进行设计，而对于技术要求简单的民用建筑工程建筑供配电系统设计，把方案意见书和扩初设计合二为一，即只包括两个阶段：扩初设计和施工图设计。

(1) 扩初设计

1) 收集相关图纸及技术要求，并向当地供电部门、气象部门、消防部门等收集相关资料。

2) 选择合理的供电电源、电压，采取合理的防雷措施及消防措施，进行负荷计算确定最佳供配电方案及用电量。

3) 按照“设计深度标准”做出有一定深度的规范化的图纸，表达设计意图。

4) 提出主要设备及材料清单、编制概算、编制设计说明书。

5) 报上级主管部门审批。

(2) 施工图设计

施工图设计是在扩初设计方案经上级主管部门批准后进行。

1) 校正扩大初步设计阶段的基础资料和相关数据。

2) 完成施工图的设计。

3) 编制材料明细表。

4) 编制设计计算书。

5) 编制工程预算书。

2. 供配电系统设计的基本要求

无论是工业还是民用建筑，供配电系统的设计依据主要是满足负荷等级的要求，按照负荷容量的大小和地区的供电条件进行设计。供配电系统设计原则是在满足负荷要求的基础上，充分考虑可靠性、电能质量、安全性、灵活性、经济性并尽量节约电能，因此首先要进行负荷分级。

(1) 负荷分级

使用电力作为其能量来源的设备和用户即电力负荷。用电负荷根据对供电可靠性的要求及中断供电所造成的损失或影响程度分为三级。一级负荷是指一旦中断供电将会造成人身伤亡，在经济、政治上遭受重大损失并造成重大社会影响的电力负荷；二级负荷是指一旦中断供电将在经济、政治上造成较大损失或将影响重要用电单位正常工作的电力负荷；三级负荷是指不属于一级和二级的电力负荷。

(2) 电力负荷对供电的要求

1) 一级负荷对供电的要求

一级负荷应由双重电源供电（由两个相互独立的电源回路以安全供电条件向负荷供电称双电源供电），当一个电源发生故障时，另一个电源不应同时受到损坏。一级负荷中特别重要负荷，除上述两个电源外，还必须增设应急电源。并严禁将其他负荷接入应急供电系统。常用的应急电源有不受正常电源影响的独立的发电机组、专门馈电线路、蓄电池和干电池等。

2) 二级负荷对供电的要求

二级负荷宜由两回路供电，当发生电力线路常见故障或电力变压器故障时应不至于中断供电或中断供电后能迅速恢复。当负荷较小或地区供电条件困难时，也可由一回 6kV

及以上专用架空线或电缆供电。当采用架空线时，可为一回路架空线供电；当采用电缆线路时，应采用两根电缆组成的线路供电，其每根电缆应能承受 100%的二级负荷。

3）三级负荷对供电的要求

三级负荷对供电无特殊要求。

对于一级负荷除了有市电供应外还需要增加应急电源，图 2-5 是具有多种电源供电的主接线示例，图中不仅有 10kV 市电 3 台变压器供电外，还有一台自备柴油发动机 G 供电，还有应急不间断电源 UPS（蓄电池）供电。当市电停电时，可启动自备柴油发动机 G 给一级负荷和一级负荷中特别重要负荷供电；同时特别重要负荷中需要连续供电或允许切换时间为毫秒级的要采用 UPS 供电，以确保供电的可靠性。

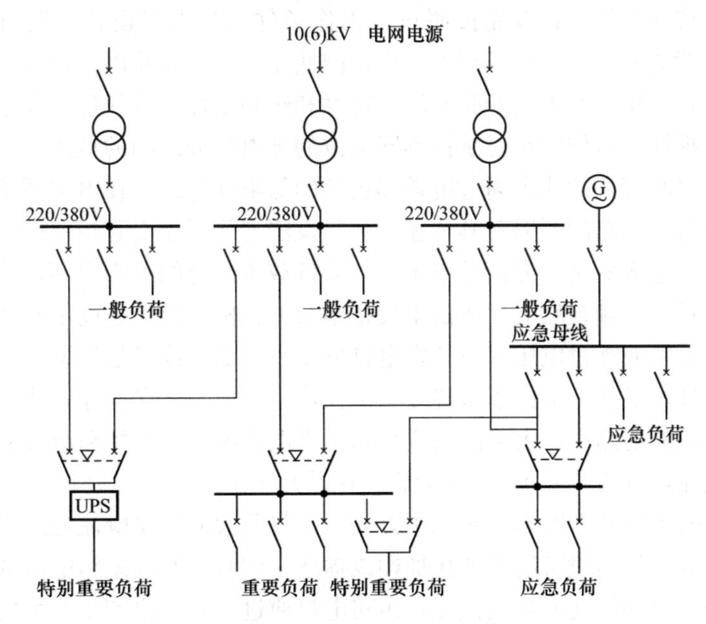

图 2-5　变电所带有多种应急电源的主接线示例

3. 供配电系统设计内容

前面介绍供配电系统是由高压供电（电源系统）、变电站（配电所）、低压配电线路和用电设备组成。系统设计内容包含：一次系统设计和二次系统设计。

（1）一次系统设计

1）设计主接线和配电网络形式

按照负荷等级和不同用户要求设计主接线和配电网络形式。

2）负荷计算

供配电系统是由各种电气设备、导线和电缆构成的，要能正确地选择它们，就要首先进行负荷计算，进行变压器损耗、线路能量损耗、电压损失和年用电量的计算。负荷计算主要是确定“计算负荷”。

① 负荷计算的内容

a）求计算负荷：是作为选择导线、电缆、电气设备的依据，包括变压器和无功补偿容量的确定；

b）求尖峰电流：是计算电压波动、选择低压保护设备和确定保护装置整定值的重要依据；

c）求季节性计算负荷：用于确定变压器台数、容量以及计算变压器经济运行的依据。求一级、二级计算负荷。用于确定变压器台数、备用电源和应急电源。

② 负荷计算的常用方法

负荷计算的方法比较多，每种方法都具有不同的适用范围。常用的方法有：需要系数法；利用系数法；估算法。

目前，许多国家已经建立负荷计算的数据库和计算软件，使计算速度大大加快、准确性提高。

3）短路电流计算

在供配电系统的设计中，首先按照正常工作条件选择电气设备。但当系统发生短路时，短路故障可能造成系统及设备很大破坏，因此需要进行短路电流计算。当选择电气设备和载流导体时，需用短路电流校验其动稳定性和热稳定性，以保证在发生可能的最大短路电流时不至于损坏。所谓短路就是指不同电位的导电部分之间的低阻性短接，包括相与相之间、相与地之间直接的或者通过电弧非正常的低阻性连接。在电力系统的设计和运行中，应充分考虑造成短路的原因及其危害，必须设法消除可能引起短路的一切因素，使系统安全可靠运行。造成短路一方面是由于电气设备载流部分的绝缘损坏，这种损坏可能是由于设备长期运行，绝缘自然老化或由于设备本身不合格、绝缘强度不够而被正常电压击穿，或设备绝缘正常而被过电压（包括雷电过电压）击穿，或者是设备绝缘受到外力损伤而造成短路。另外，工作人员由于未遵守安全操作规程而发生误操作，或者误将低电压的设备接入较高电压的电路中，也可能造成短路。供电系统中发生短路故障后，所产生的过电流称为短路电流，其值比正常工作电流一般要大几十倍甚至几百倍。在大的电力系统中，短路电流有时可达几万安培甚至几十万安培。如此大的短路电流通过导体时，使导体发热温度急剧升高，从而设备绝缘老化加剧或损坏；同时，通过短路电流的导体会受到很大的电动力作用，使导体变形甚至损坏；短路电流通过线路，要产生很大的电压降，使系统的电压水平骤降，严重影响电气设备的正常运行；短路还会造成停电事故；严重的短路故障可能会造成系统解列；不对称的接地电路，其不平衡电流将产生较强的不平衡磁场，对附近的通信线路、电子设备及其他弱电控制系统等产生电磁干扰。

计算短路电流的目的，一方面是因为选择电气设备和载流导体时，需用短路电流校验其动稳定性和热稳定性，以保证在发生可能的最大短路电流时不至于损坏；另外选择和整定用于短路保护的继电保护装置的时限及灵敏度时，需应用短路电流参数，而选择用于短路保护的设备时，为了校验其断流能力也需进行短路电流计算。

4）电气设备及导线、电缆的选择

供配电系统中有高低压断路器、负荷开关、隔离开关、熔断器、互感器和开关柜等需要选择，还有各种导线、电缆需要选择。正确地选择电气设备是使供配电系统达到安全、经济运行的重要条件。在进行电气设备选择时，应根据工程实际情况，在保证安全、可靠的前提下，积极而稳妥地采用新技术，并注意节约投资，选择合适的电气设备。

尽管电力系统中各种电气设备的作用和工作条件并不一样，具体选择方法也不完全相同，但对它们的基本要求却是一致的。电气设备要可靠工作，必须按正常工作条件及环境条件进行选择，并按短路状态来校验。

① 按正常工作条件选择电气设备

a）额定电压——电气设备的额定电压U_N应符合装设处电网的标称电压，并不得低于正常工作时可能出现的最大工作电压$U_{s \cdot max}$，即$U_N \geqslant U_{s \cdot max}$。

b）额定电流——电气设备的额定电流I_N应不小于正常工作时的最大负荷电流I_{max}，即 $I_N \geqslant I_{max}$。

c）额定频率——电气设备的额定频率应与所在回路的频率相适应。

d）环境条件——电气设备选择还需考虑电气装置所处的位置（户内或户外）、环境温度、海拔高度以及有无防尘、防腐、防火、防爆等要求。

② 按短路情况校验电气设备的热稳定性和动稳定性

校验动、热稳定性时应按通过电气设备的最大短路电流考虑，包括校验电气设备动稳定性；校验电气设备热稳定性；校验开关电器开断能力。

断路器和熔断器等电气设备，均担负着切断短路电流的任务，因此必须具备在通过最大短路电流时能够将其可靠切断的能力，所以选用此类设备时必须使其开断能力大于通过它的最大短路电流或短路容量。

5）供配电系统的保护

供配电系统中，由于各种原因难免发生各种故障和不正常运行状态，其中最常见的就是短路故障。当系统发生短路时，必须迅速切断故障部分，恢复其他无故障部分的正常运行。在供配电系统中能够实现这种保护作用的类型有：熔断器保护、低压断路器保护和继电保护。

① 熔断器保护适用于高、低压供配电系统，其装置简单、经济，但断流能力较小，选择性较差，且熔体熔断后更换不便，不能迅速恢复供电，因此只在供电可靠性要求不高的场所采用。

② 低压断路器保护，可适用于供电可靠性要求较高、操作灵活方便的低压供配电系统中。

③ 继电保护可适用于供电可靠性要求较高，操作灵活方便，特别是自动化程度较高的高压供配电系统中，包括高压供配电线路的继电保护、电力变压器的继电保护。

继电保护装置是由不同类型的继电器和其他辅助元件根据保护的对象按不同的原理构成的自动装置。它的主要作用是：当被保护的电力元件发生故障时，能自动迅速有选择地将故障元件从运行的系统中切除分离出来，避免故障元件继续遭受损害，保证无故障部分能迅速恢复正常。当被保护元件出现异常运行状态时，继电保护装置能发生报警信号，以便值班运行人员采取措施恢复正常运行。

继电保护装置为了能够完成其自动保护的任务，必须满足选择性、速动性、灵敏性和可靠性的要求。

（2）二次系统设计

供配电系统二次回路主要包括控制与信号系统、继电保护与自动化系统、测量仪表与操作电源等部分。二次系统接线图是二次回路各种元件设备相互连接的电气接线图，通常分为原理图、展开图和安装图三种，各有特点而又相互对应，用途不完全相同。原理图的作用在于表明二次系统的构成原理，它的主要特点是，二次回路中的元件设备以整体形式表示，而该元件设备本身的电气接线并不给出，同时将相互联系的电气部件和连接画在同一张图上，给人以明确的整体概念。展开图的特点是，将二次系统有关设备的部件（如线圈和触点）解体，按供电电源的不同分别画出电气回路接线图，如交流电压回路、交流电流回路、直流控制回路、直流信号回路等。因此，同一设备的不同部件往往被画在不同的二次回路中，展开图既能表明二次回路工作原理，又便于核查二次回路接线是否正确，有利于寻找故障。安装图用于电气设备制造时装配与接线、变电所电气部分施工安装与调试、正常运行与事故处理等方面，通常分为盘（屏）面布置图、盘（屏）后接线图和端子排图三种，它们相互对应、相互补充。盘面布置图表明各个电气设备元件在配电盘（控制盘、保护盘等）正面的安装位置；盘后接线图表明各设备元件间如何用导线连接起来，因此对应关系应标明；端子排图用来表明盘内设备或与盘外设备需通过端子排进行电气连接的相互关系，端子排有利于电气试验和电路改换。因此，盘后接线图和端子排图必须注明导线从何处来，到何处去，通常采用端子编号法解决，以防接错导线。二次系统接线图遵循国家相关标准进行设计和选择。

（3）供配电系统电能质量

在供配电系统设计中为保证供电的质量，不仅要保证供电的可靠性，即连续供电，还要保证有良好的电能质量。要提高电力系统的电能质量主要是提高电压、频率和波形的质量。电压质量主要指标包括电压偏移、电压波动和闪变、频率偏差、谐波（电压谐波畸变率和谐波电流含有率）。下面主要介绍电压偏移、电压波动及谐波对电能质量的影响和改善措施。

1）电能质量主要指标

① 电压偏移

电力系统中电压实际值与额定值之间的数值之差，称为电压偏移。由于民用建筑单相设备较多，如果三相负荷分布不均衡，则将使负荷端中性点电位偏移，造成有的相电压升高，有的降低。

电压偏移对用电设备的工作性能和使用寿命有很大的影响，例如电压偏移可使电动机无法启动、电流增加、绝缘老化，甚至击穿；电压过低会使灯光明显变暗，照度降低，严重影响人的视力健康，降低工作效率，还可能增加事故；电压升高，用电设备使用寿命将大大缩短。

② 电压波动

电压波动是由于负荷急剧变动的冲击性负荷所引起。负荷急剧变动，使电网的电压损耗相应变动，从而使用户公共供电点的电压出现波动现象。例如电动机的启动，电焊机的工作，特别是大型电弧炉和大型轧钢机等冲击性负荷的工作，均会引起电网电压的波动。

电压波动可影响电动机的正常启动，甚至使电动机无法启动；对同步电动机还可引起其转子振动；可使电子设备、计算机和自控设备无法正常工作；可使照明灯发生明显的闪烁，严重影响视觉，使人无法正常生产、工作和学习。

③ 谐波

交流电网中，由于许多非线性电气设备的投入运行而产生谐波，使其电压、电流波形变为实际上不是完全的正弦波形，而是不同程度畸变的周期性非正弦波。

谐波对电气设备的危害很大。谐波会使变压器、电动机出现过热，绝缘介质老化加速，缩短使用寿命；使电动机转子发生振动现象，严重影响机械加工的产品质量；使电容器过热导致绝缘击穿甚至造成烧毁；使电力线路的电能损耗和电压损耗增加；使计量电能的感应式电度表计量不准确；使电力系统发生电压谐振，从而在线路上引起过电压，有可能击穿线路的绝缘；还可能造成系统的继电保护和自动装置发生误动作或拒动作，使计算机失控，电子设备误触发，电子元件测试无法进行，并可对附近的通信设备和通信线路产生信号干扰。

2）电能质量改善措施

① 改善电压偏差的主要措施

合理选择变压器的电压比和电压分接头；正确选择无载调压型变压器的电压分接头或采用有载调压型变压器；减小线路电压损失；尽量使系统的三相负荷均衡。

② 电压波动和闪变的抑制

采用合理的接线方式；设法增大供电容量，减少系统阻抗；对大功率电弧炉的炉用变压器宜由短路容量较大的电网供电，一般是选用更高电压等级的电网供电；对大型冲击性负荷，如采取上述措施达不到要求时，可装设能“吸收”冲击无功功率的静止型补偿装置（SVC）。

③ 电网谐波的抑制

供各类大功率的非线性用电设备的变压器由短路容量较大的电网供电；变压器采用合适的组别；还可采用补偿的方法抑制谐波。

2.2 建筑电气照明系统

建筑电气是以电能、电气设备和电气技术为手段来创造、维持与改善限定空间和环境的一门科学，它对建筑物具有服务性与干预性，完善了建筑物的功能，也提高了建筑物的等级和效益。建筑电气照明系统通过电光源将电能转化为光能，营造人工光环境，补充人们利用自然光受到时间地点限制的不足，保证建筑夜间照明和建筑中开敞的大面积办公空间、地下空间以及电梯前室、楼梯间等白天照明的需求。

建筑电气照明最初的目的是获得适当的照度，而在很多现代建筑中，灯具和照明的装饰作用和烘托气氛的功能尤显重要。以工作面上的视看对象为照明对象的照明技术称为明视照明，主要涉及照明生理学，良好的明视照明是实现安全生产、提高劳动生产率、提高产品质量和保障职工和学生视力健康的重要条件；对以周围环境为照明对象的照明技术称为环境照明，主要涉及照明心理学，因而照明设计的优劣除了影响建筑物的功能外，还影响建筑艺术的效果。目前无论电气照明设计理念还是照明设备都发生了很大的变化。新的设计思想强调以人为本的人性化设计，以满足人们提出的环境优美、亮度适宜、空间层次感舒适、立体感丰富等多个层面的要求，同时注重艺术性、文化品位和特色与节能环保的绿色理念相融合。

建筑电气照明是本专业知识体系中的核心知识单元，也是建筑电气与智能化专业的核心专业课程。通过课程学习，使学生掌握建筑照明的基本理论和设计方法，具备初步分析、解决建筑照明系统实际问题的能力和初步设计能力。为了让大家对后续将要学习的建筑电气照明这门专业核心课程有所了解，下面简要介绍建筑电气照明系统的组成及其设计。

2.2.1 照明系统的组成

建筑照明系统由照明装置及其电气部分组成。照明装置主要是光源与灯具，照明装置的电气部分包括照明开关、照明线路及照明配电等。

1. 照明电光源

根据发光原理，光源可分为热辐射发光光源、气体放电发光光源和其他发光光源。电光源的分类如图 2-6 所示。

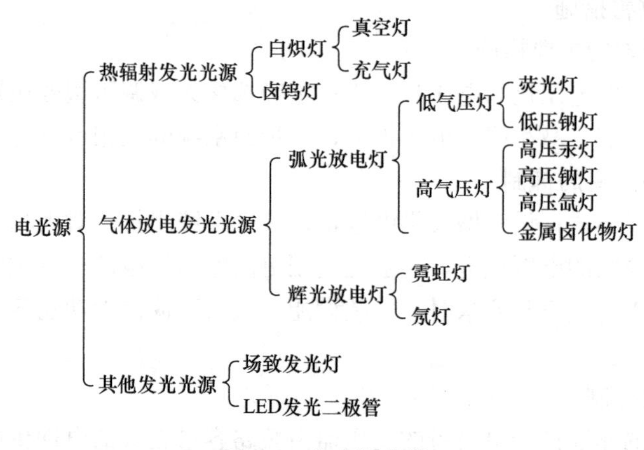

图 2-6　电光源分类

选择电光源首先要满足照明设施的使用要求，如所要求的照度、显色性、色温、启动、再启动时间等；然后要考虑节能环保；最后根据所选用光源一次性投资费用、运行费用及节能环保效益，经综合技术经济分析比较后，确定选用何种光源为最佳。

随着科学技术突飞猛进的发展，各种新光源产品不仅在数量上，而且在质量上也产生了质的飞跃，发光效率高、显色性好、使用寿命长的新型电光源产品不断应用于建筑照明中。

2. 照明灯具

照明灯具是透光、分配和改变光源光分布的器具，包括除光源外所有用于固定和保护光源的全部零、部件以及与电源连接所必需的线路附件。灯具的光学特性通常以光强分布(配光)、遮光角、灯具效率三项指标来表示。灯具分功能性照明器具和装饰性照明器具，功能性灯具主要考虑保护光源、提高光效、降低眩光，而装饰性灯具就要达到美化环境和装饰的效果，所以主要考虑灯具的造型和光源的色泽。

3. 照明线路及照明配电

照明供电网络主要是指照明电源从低压配电屏到用户配电箱之间的配线，主要由馈电线、干线、分支线及配电盘组成，如图 2-7 所示。汇集支线接入干线的配电装置称为分配电箱，汇集干线接入总进户线的配电装置被称为总配电箱。馈电线是将电能从变电所低压配电屏送到区域（或用户）总配电柜（箱）的线路；干线是将电能从总配电柜（箱）送至各个分照明配电箱的线路；分支线是将电能从各分配电箱送至各户配电箱的线路。

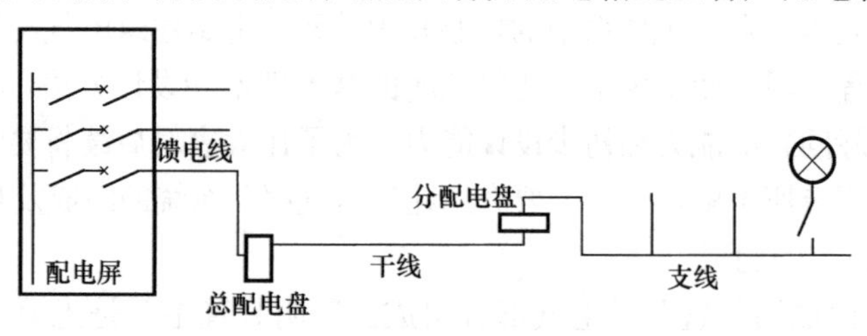

图 2-7　照明供电网络的组成形式

为了保证电光源正常、安全、可靠、经济地工作，必须设计合理的供配电系统，使之符合照明技术设计标准和电气设计规范。所以在建筑供配电课程中要学习照明对供电电压质量的要求和电压的选择、照明负荷分级及供电方式选择、照明负荷计算和照明负荷电压损失计算、照明线路保护装置的设置及选择、导线及电缆种类和截面的选择、照明网络的电气安全常识。

2.2.2　建筑电气照明设计

建筑电气照明设计分为光照设计和照明电气设计两部分。光照设计是根据室内功能来确定光源和灯具类型、工作面的光照度、灯具盏数和布灯方式等；照明电气设计是为保证电光源正常、安全、可靠地工作对照明供配电系统和控制方式进行的设计。

1. 照明的光照设计

建筑物内部空间环境一般仅指建筑物本身，灯光的作用侧重于使用功能，同时配合内部空间处理、室内陈设、室内装修，利用灯具造型及其光色的协调，使室内环境具有某种气氛和意境，增加建筑艺术的美感。现代建筑照明设计，除了满足工作面必须达到规定的水平照度外，更多的融入了装饰照明的艺术风格和手法。

照明光照设计包括照度的选择、光源的选用、灯具的选择和布置、照明控制策略与方式的确定、照明计算等诸方面。其中照度设计和光源的选择均应符合《建筑照明设计标准》GB 50034 的要求，从节约能源和保护环境出发，以实施绿色照明工程为基点，选择高效节能电光源。灯具的选择首先要满足使用功能和照明质量的要求，同时考虑便于安装和维护，优先采用配光合理、反射效率高、耐久性好的高效节能照明灯具。灯具的布置是确定灯具在房间内的空间位置，它与光的投射方向、工作面的照度、照度的均匀性、眩光的限制以及阴影等都有直接的影响。灯具布置的原则应以满足生产工作、活动方式的需要为前提，充分考虑被照面照度分布是否均匀，有无挡光阴影及引起的反光的程度，另外也要考虑灯具布置的艺术效果与建筑物是否协调，产生的心理效果及造成的环境气氛是否恰当，灯具布置是否合理还关系到照明安装容量和投资费用，以及维护检修方便与安全。明视照明和环境照明设计的要求对照见表 2-1。

明视照明和环境照明设计的要求对照　　表 2-1

明视照明	环境照明
1. 工作面上要有充分的亮度	1. 亮或暗要根据需要进行设计
2. 亮度应当均匀	2. 照度要有差别，不可均一，采用变化的照明可造成不同的感觉
3. 不应有眩光，要尽量减少乃至消除眩光	3. 可以应用金属、玻璃或其他光泽的物体，以小面积眩光造成魅力感
4. 阴影要适当	4. 需将阴影夸大，从而起到强调突出的作用
5. 光源的显色性好	5. 宜用特殊颜色的光作为色彩照明，或用夸张手法进行色彩调节
6. 灯具布置与建筑协调	6. 可采用特殊的装饰照明手段（灯具及其设备）
7. 要考虑照明心理效果	7. 有时与明视照明要求相反，却能获得很好的气氛效果
8. 照明方案应当经济	8. 从全局来看是经济的，而从局部看可能是不经济的或过分豪华的

2. 照明的电气设计

在进行完光照设计以后，为保证电光源正常、安全、可靠地工作，还必须有合理的供配电系统和控制方式给予保证。因而，照明电气设计是照明设计中不可缺少的内容。

照明电气设计的任务是：

（1）满足光照设计确定的各种光源对电压大小、电能质量的要求，使它们能工作在额定状态，以保证照明质量和电光源的寿命。

如照明用电负荷计算、电压损失计算、保护装置整定计算，照明功率密度（*LPD*）计算，就是为了合理地选择供电导线和开关设备等元件，使电气设备和材料得到充分利用，同时也是确定电能消耗量的依据。计算结果的准确与否，对选择供电系统的设备、有色金属材料的消耗，以及一次投资费用有着重要的影响。

（2）选择合理、方便的控制方式，以便照明系统的管理、维护和节能。照明控制经历了手动控制、自动控制和智能化控制三个阶段。最初阶段是手动控制，即利用开关等元器件，以最简单的手动操作来启动和关闭照明电器，满足照明的要求，达到控制的目的。此时照明的控制仅停留在让使用者有需要时手动开启照明电器，不能自动开启和关闭它。伴随着电器技术的发展，照明控制进入了自动控制阶段，它的特征是以光、电、声等技术来控制灯具。自动控制方式的缺点是与人的互动较少，局限于单组灯具的控制，难以完成网络化的监控任务，如住宅楼、公寓楼梯间多采用延时开关和声光控开关控制。智能照明控制系统可以对不同时段、不同环境的光照度进行精确设置和合理管理，运行时能够充分利用自然光，只有当必需时，才把灯点亮或点亮到需要的程度，以利用最少的电能达到所需的照度水平，节电效果非常明显。由第3章建筑智能化系统中可知，智能照明控制系统是建筑设备管理系统很重要一个内容。

（3）保证人身和照明装置的电气安全。如沿导线流过的电流过大时，由于导线温升过高，会对其绝缘、接头、端子或导体周围的物质造成损害，温升过高时，还可能引起火灾，因此照明线路应具有过电流保护装置。过电流的原因主要是短路或过负荷（过载），因此过电流保护又分为短路保护和过载保护两种。照明线路还应装设能防止人身间接电击及电气火灾、线路损坏等事故的接地故障保护装置。

（4）确定电能计量方式，满足用户不同的计量要求，并确定电能表安装位置。

（5）尽量减少电气部分的投资和年运行费用。

（6）绘制照明设计施工图、绘制照明供电系统图和照明平面布置图。列出主要设备、材料清单，编制概算、预算（在没有专职概预算人员的情况下）。

2.3 建筑电气安全

在发达国家，社会对电气安全问题极为重视，尤其是对涉及用户人身安全和公共环境安全的问题，更是予以了严格的规范。在我国，过去由于观念和体制上的原因，对电气安全问题更多地侧重于电网本身的安全和生产过程的劳动保护，对一般民用场所的电气安全问题和电气环境安全问题较为忽视，以致电击伤害和电气火灾等事故的发生率长期居高不下，单位用电量的电击伤亡事故更是比发达国家高出数十倍。最近20年来，我国在学习国际先进技术、等效采用国际先进技术标准等方面作了大量工作，在电气安全的工程实践上有了很大的进展，但与发达国家相比差距仍然很大。由于我国经济持续快速发展，住宅和其他民用建筑的建设蓬勃发展，我国城市居民家庭的电气化水平迅速提高，使得电气安全问题显得十分现实和迫切。因此，将电气安全问题作为电气工程一个重要的专业方向进行研究，消除长期以来对电气安全问题的模糊认识，以科学的态度去认识它，用工程的手段去应对它，是一项十分有意义的重要工作。

电气安全是建筑电气与智能化专业知识体系中的核心知识单元，也是建筑供配电课程中的重要内容。通过电气安全内容的学习，目的是掌握建筑供配电系统的电气安全防护、雷击防护以及安全用电相关方面的知识，具备初步的电气安全防护理念以及设计能力。为了让大家对后面的专业课学习的内容有所了解，下面对电气安全方面的基础知识和供配电系统的电气安全防护和建筑物的雷击防护做简要概述。

2.3.1　电气安全基础知识

在人类生产、生活、学习的各种活动中，会有哪些电气事故？它们是如何发生的？有什么样的规律？人为什么会触电？为什么有些人触电一触即亡，有些人却可以侥幸得生？类似这些问题，都是电气安全的基本问题，只有真正认识电、了解电、采取正确合理的应对措施，才能科学回答上述问题，使我们每一个人都能安全用电。

1. 电气故障的危害

引起火灾和爆炸。线路、开关、熔断器、插座、照明器具、电热器具、电动机、电力变压器等的故障均可能引起火灾和爆炸。在火灾和爆炸事故中，电气火灾和爆炸事故占有很大的比例。就引起火灾的原因而言，电气原因仅次于一般明火而位居第二。

异常带电。电气系统中，原本不带电的部分因电路故障而异常带电，可导致触电事故发生。例如：电气设备因绝缘不良产生漏电，使其金属外壳带电；高压电路故障接地时，在接地处附近呈现出较高的跨步电压，形成触电的危险条件。

异常停电。在某些特定场合，异常停电会造成设备损坏和人身伤亡。医院手术室可能因异常停电而被迫停止手术，无法正常施救而危及病人生命；排出有毒气体的风机因异常停电而停转，致使有毒气体超过允许浓度而危及人身安全等；公共场所发生异常停电，会引起妨碍公共安全的事故；异常停电还可能引起电子计算机系统的故障、造成难以挽回的损失。

2. 触电事故及防护措施

触电事故分为直接触电和间接触电。

直接触电是指人体与正常工作中的裸露带电部分直接接触而遭受电击。其主要防护措施如下：

（1）将裸露带电部分包以适合的绝缘体。

（2）设置遮栏或外护物以防止人体与裸露带电部分接触。

（3）设置阻挡物以防止人体无意识地触及裸露带电部分。

（4）将裸露带电部分置于人的伸臂范围以外。

（5）采用漏电电流动作保护器的附加防护。漏电电流动作保护器又称剩余电流动作保护器。它是一种在规定条件下当漏电电流达到或超过给定值时，能自动切断供电开关电器或组合电器，通常用于故障情况下自动切断供电的防护。直接接触防护不能单独用漏电电流动作保护替代，这种保护只能作为上述（1）～（4）预防直接触电保护措施的后备措施。

间接触电是指因绝缘损坏使原来不带电压的电气装置外露可导电部分或装置外可导电部分呈现故障电压，人体与之接触而招致的电击，其主要的防护措施如下：

（1）用自动切断电源的保护（包括漏电电流动作保护），并辅以总等电位联结。

(2) 使工作人员不致同时触及两个不同电位点的保护。

(3) 使用双重绝缘或者加强绝缘的保护。

(4) 用不接地的局部等电位联结的保护。

(5) 采用电气隔离。

2.3.2 供配电系统的电气安全防护

1. 低压系统电击防护

电击发生时流过人体的电流，除雷击或静电等少数情况外，绝大部分情况下是由供配电系统提供的。所谓系统的电击防护措施，就是通过实施在供配电系统上的技术手段，在电击或电击可能发生的时候，切断这个电流供应的通道，或降低这个电流的大小，从而保障人身安全。

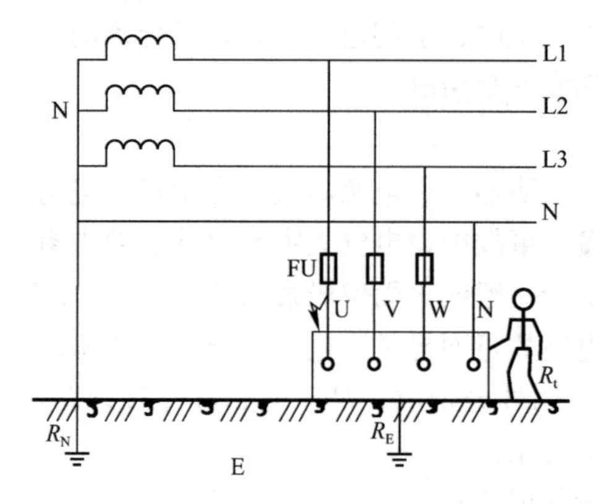

图 2-8 单相接地故障保护

用金属把电气设备可导电的外壳部分与地做良好的连接。当电气设备某处绝缘损坏使外壳带电而人又触及时，电气设备的接地装置可使人体避免触电的危险。这些接地系统的电击防护都属于间接触电保护，如图 2-8 所示。

2. 建筑物的电击防护

建筑物的电击防护是通过在工作场所采取安全措施来降低甚至消除电击危险性，它主要包括非导电场所和等电位联结两种方法。

非导电场所是指利用不导电的材料制成地板、墙壁、顶棚等，使人员所处环境成为一个有较高对地绝缘水平的场所。在这种场所中，当人体一点与带电体接触时，不可能通过大地形成电流回路，从而保证了人身安全，如图 2-9 所示。

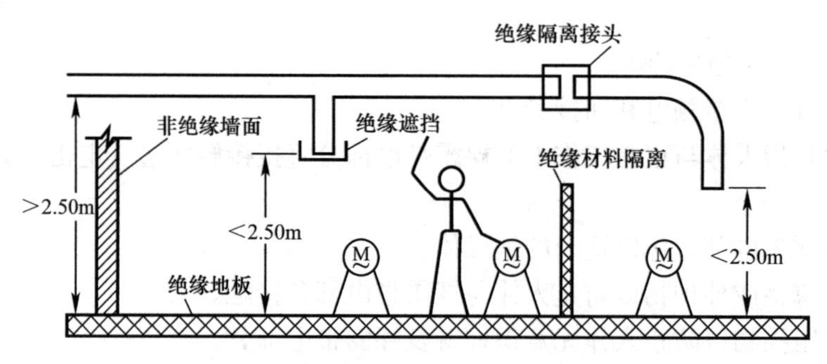

图 2-9 非导电场所与外界的隔离

等电位联结也是一种“场所”的电击防护措施。所不同的是，非导电场所靠阻断电流流通的通道来防止电击发生，而等电位联结靠降低接触电压来降低电击危险性。最典型的例子是在可能发生人手触及带电体的场所，在带电体对地电压一定的情况下，通过等电位联结，抬高地板的对地电压，从而降低人体手、脚之间的电位差，以此来降低电击危险性。图 2-10 所示为进户金属管道未作等电位联结，当室外架空裸导线断线接触到金属管道时，高电位会由金属管道引至室内，若人触及金属管道，则可能发生电击事故；而图 2-11 所示为有等电位连接的情况，这时保护线、地板钢筋、进户金属管道等均作等电位联结，此时即使人员触及带电的金属管道，在人体上也不会产生电位差，因而是安全的。

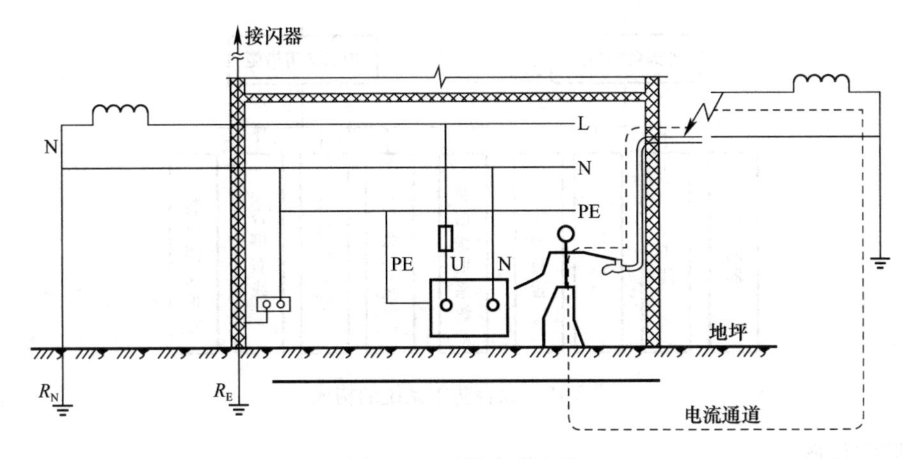

图 2-10　无等电位连接

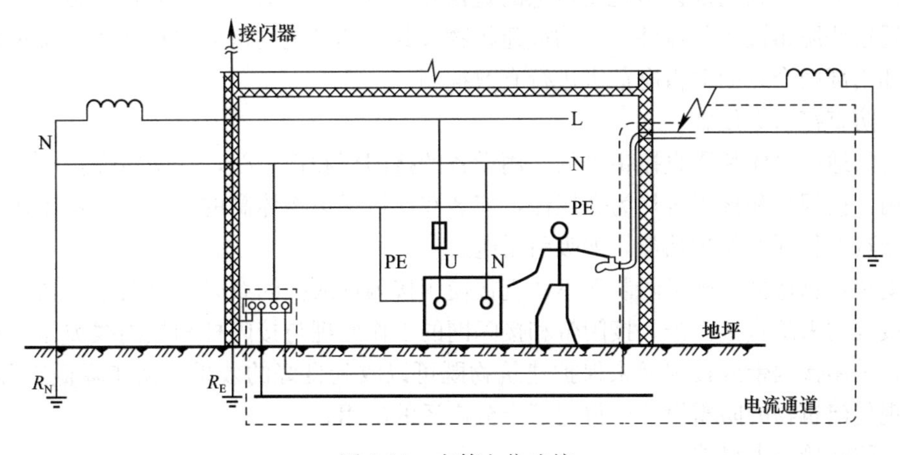

图 2-11　有等电位连接

2.3.3　建筑物的雷击防护

雷电是一种强烈的大气放电现象，称为雷电过电压。它是由于电力系统内的设备或建筑物受雷击或者雷电感应而引起的过电压。雷电过电压产生的雷电冲击波的电压幅值可以高达 1 亿 V，其电流幅值也可高达几十万安培。由于雷电过电压对电力系统和建筑物所造成的影响非常大，因此应该更加重视对它的保护。

雷电的危害可以分成两种类型，一是雷直接击在建筑物或其他物体上发生的热效应和电动力作用；二是雷电的二次作用，即雷云产生的静电感应作用和雷电流产生的电磁感应等作用。长期以来，关于建筑物的防雷保护问题一直是建筑电气工程中一个必须考虑的重要问题，随着现代建筑智能化趋势的迅猛发展，这一问题的重要性正日益显著。

1. 建筑物防雷系统组成

为使建筑物及其内部设施免受雷电的直接和间接危害，需要合理地组合和设置防雷设备与器件，来构成建筑物及其内部设施的综合雷电防护系统，实现从建筑物外部和内部两个方面对雷电危害进行有效抑制。综合防雷系统的构成如图 2-12 所示。

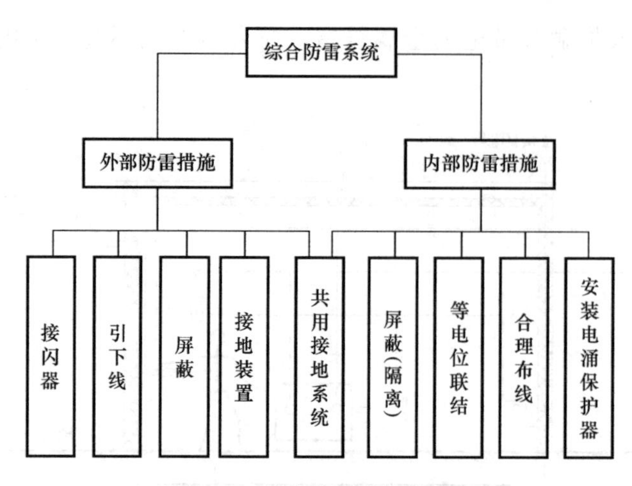

图 2-12　综合防雷系统的构成

2. 防雷设施

为使建筑物及其内部设施免受雷电的直接和间接危害，需要采用防雷设备。合理地组合和设置这些防雷设备与器件，来构成建筑物及其内部设施的雷电防护系统，实现从建筑物外部和内部两个方面对雷电危害进行有效抑制。

(1) 防直接雷击设施

作为防地面物体免受直接雷击的常用设备的接闪杆和接闪线，在防雷保护中已被长期普遍使用。接闪杆和接闪线均为金属体，安装在比被保护物体高的位置上，从工作原理来看，两者具有相同的保护功能，即吸引雷电。

当受建筑物造型或施工限制而不便直接使用接闪杆或接闪线时，可在建筑物上设置接闪带或接闪网来防直接雷击。接闪带和接闪网的工作原理与接闪杆和接闪线类似。在许多情况下，采用接闪带或接闪网来保护建筑物既可以收到良好的效果，又能降低工程投资，因此在现代建筑物的防雷设计中得到了十分广泛的应用。

(2) 防间接雷击设施

由雷击在输电线路上感应出的闪电侵入波过电压能够沿线路进入建筑物内，危及建筑物内的信息系统和电气设备。为了保证信息系统与电气设备的安全，需要在输电线路上装设过电压抑制设备，这类设备就是避雷器。

近些年来，随着建筑智能化趋势的迅猛发展，建筑物内信息系统的防雷保护问题正广泛受到关注，并已成为整个建筑物防雷设计的一个重要组成部分。为了防止闪电侵入波过电压对信息系统造成危害，一般是在信息系统的不同传导和耦合途径（如电源线、信号线和各种金属管道的入口处）装设暂态过电压保护设备。由于它们是用于保护电子设备的，所以要求它们在动作限压后的残压水平应比避雷器低，且动作响应速度要比避雷器快。基于这些要求，它们也常被称为电涌保护器（或过电压保护器）。

第3章 建筑智能化系统工程

建筑的智能化是通过建筑智能化系统工程实现的。为了实现智能建筑安全、高效、便利及可持续发展的目标，智能建筑中设置有公共安全系统、建筑设备管理系统、信息设施系统、信息化应用系统和智能化集成系统，这五大系统是建筑智能化工程的五大要素，也是本专业“建筑智能化工程”知识领域的五个知识单元，是建筑智能化专业课的主要内容。为了对建筑智能化工程这一知识领域和未来学习的专业课有一个基本的概念和总体认识，本章首先介绍各个建筑智能化系统的基本组成、系统功能，在此基础上引出建筑智能化系统的总体结构，建立起建筑智能化系统工程整体的概念，明确这五大系统在建筑智能化系统工程中的相互作用和相互联系。而在后面的专业课学习中这五大系统将作为五门专业课程，每门课程均是从系统工程设计和工程实施的角度，深入介绍各个系统的组成结构、工作原理及各个系统的工程设计及工程实施方法。

3.1 建筑设备管理系统

建筑设备管理系统（Building Management System，BMS）是对建筑设备监控系统、建筑能效监管系统和需纳入的其他业务设施系统等实施综合管理的系统，其系统组成结构如图3-1所示。建筑设备监控系统主要实现对建筑内的冷热源、供暖通风和空气调节、给水排水、供配电、照明、电梯等建筑设备的监测与控制；建筑能效监管系统监测建筑设备的能耗，并对监测数据进行统计分析和处理，提升建筑设备协调运行和优化建筑综合性能；随着绿色建筑的发展和绿色建筑技术应用，需纳入管理的其他业务设施系统内容增多，比如通过对可再生能源利用系统的管理，可有效支撑绿色建筑功效。

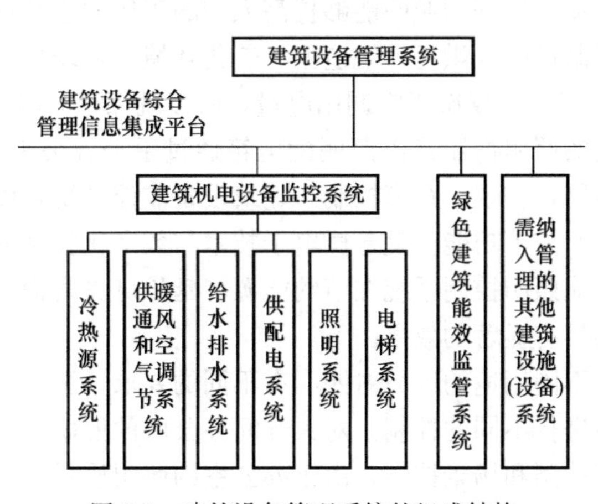

图3-1 建筑设备管理系统的组成结构

3.1.1 建筑设备监控系统

建筑设备监控系统通过对建筑内的冷热源、供暖通风和空气调节、给水排水、供配电、照明和电梯等机电设备进行监测和控制，确保各类设备系统运行稳定、安全、可靠，为人们创建舒适、高效、便利、节能、环保的建筑环境。

1. 供配电监测系统

供配电系统是建筑物最主要的能源供给系统，其主要功能是对由城市电网供给的电能进行变换处理和分配，向建筑物内的各种用电设备提供电能。智能建筑用电设备种类多、耗电大、用电负荷集中，因此对供电的可靠性要求高。另外，为防止电压波动、二次谐波和频率变化对楼内的计算机及其网络产生干扰和破坏，对电源的质量要求也很高。因此，供配电系统监测是建筑设备监控系统的重要内容。由于建筑物中的供配电系统都有相对完善的、符合电力行业要求的二次仪表测量及保护装置，供电管理部门对各种高低压设备的控制有严格的限制，因而供配电监测系统的主要任务不是对供配电设备的控制，而是对供配电系统中各设备的状态和供配电系统的有关参数进行实时监视和测量，并将各种检测信号上传至管理计算机，使管理中心能及时了解供配电系统运行情况，保证供配电系统安全、可靠、优化、经济地运行。

供配电监测系统对供电配电系统、变电配电设备、应急（备用）电源设备、直流电源设备、大容量不停电电源设备进行监视、测量、记录，对供电配电系统的各级开关设备的状态、主要回路电流、电压及一些主要部位的电缆温度进行实时、在线监测。由于电力系统的状态变化和事故发生是瞬态的，为了能够连续地记录各种参数的变化过程，预测并防止事故的发生，或在事故发生后，及时地判断故障位置和故障原因，供配电监测系统在监测时，采样间隔较小，一般为几十毫秒～几百毫秒。在保障安全可靠供电的基础上，供配电设备监测系统还可实现用电计量、用电费用分析计算以及用电高峰期对次要回路的控制等。例如，在实行多种电价的地区，通过与冰蓄冷设备、应急发电机等配合，在用电高峰时，选择卸除某些相对不重要的机电设备，减少高峰负荷，或投入应急发电机，以及释放存储的冷量等措施，实现避峰运行，可降低运行费用。

2. 照明监控系统

建筑电气照明系统将电能转换为光能，以保证人们在夜间或自然光照不足时在建筑物内外从事生产和生活活动。良好的照明能够提高人们的工作效率和保护人们的视力，同时通过照明设计和照明控制还可以烘托建筑造型、美化环境。在现代建筑中，照明用电量占建筑总用电量的25%～35%，仅次于空调用电量，所以既保证照明质量又节约能源是照明控制的主要内容。传统的照明控制是以照明配电箱通过手动开关来控制照明灯具的通断，或通过回路中串入接触器，实现远距离控制。建筑设备监控系统是以电气触点来实现区域控制、定时通断、中央监控等功能。随着微电子技术与数字化技术的发展，专业照明控制系统得以迅速发展，智能照明控制系统在节约能源、延长灯具寿命、提高照明质量、改善环境、提高工作效率均具有显著的效果。

在多功能建筑中，不同用途的区域对照明有不同的要求，智能照明系统根据使用的性质及特点，对照明设施进行不同的控制。对大开间办公区的照明，采用回路分组控制、合成照度控制、时间程序控制和场景控制。由于办公室的照明质量要求高，需保证足够的照度，减轻人们的视觉疲劳，使人们在舒爽愉悦的环境中工作。而办公室照明的一个显著特点是白天工作时间长，因此办公室照明要把自然光和人工照明协调配合起来，采用回路分组控制和合成照度的控制方式，即按近窗工作区与房间深部工作区划分回路，根据工作面上的照度标准和自然光传感器检测的自然光亮度变化信号构成反馈控制方式，实现智能控制照明灯具的发光强度，当自然光较弱时（傍晚或阴雨天），根据照度监测信号或预先设定的时间调节，增强人工光的强度；当天然光较强时，减少人工光的强度，使自然光线与人工光线始终动态地补偿，在保证照明质量的同时，达到节约电能的目的。时间程序控制是根据白天工作区与夜间工作区的使用特点，分别编制控制程序，如办公室一般在白天工作，其中又分工作、休息、午餐等不同时间区，按程序自动对照明设施进行控制。对一些重要场所采用动静传感器和光照亮度传感器探测照明区域的人员活动及照度变化信息，根据有无人员走动或光照亮度是否合适由照明控制器来控制照明的开/关，提高管理水平并节能；对门厅、走廊、庭园等处照明，以满足需求和节约电能为原则，一种方法是采用时间程序控制，另一种方法是设置感应传感器智能控制，此类感应传感器利用光电感应器件通过障碍灯控制器还可对设置在建筑物或构筑物凸起的顶端的高空障碍灯照明进行自动开启和关闭，并设置开关状态显示与故障报警；对大型的楼、堂、馆、所等建筑物的立面照明，是由预先编制的时间程序自动控制投光灯的开启与关闭，并监视开关状态和故障报警；对于应急照明，一方面是启/停控制，另一方面是状态显示监视，当正常电网停电或发生火灾等事故时，事故照明、疏散指示照明等自动投入工作，监控主机可自动切断或接通应急照明，并监视工作状态，监测到故障时发出报警信号。

3. 空调监控系统

空调是建筑设备的重要内容，其作用是根据季节变化提供合适的空气温度、相对湿度、气流速度和空气洁净度，以满足室内人员的舒适性和提高工作效率。空调系统监控是建筑设备监控系统的重要内容，通过对空调设备运行的实时监测和合理控制，使建筑物内的温、湿度达到预期的目标，满足舒适度的要求，同时以最低的能源和电力消耗来维持系统和设备的正常工作，实现绿色建筑目标。

(1) 空调系统的组成及工作过程

空调系统由制冷系统、冷却水系统、空气处理系统和热力系统组成，其组成结构如图 3-2 所示。其中，制冷系统由冷水机组、冷冻水泵及相应的管道组成，用来为空气处理系统提供不同温度的冷水，作为空调系统的冷源。冷却水系统由冷却水塔、冷却水泵及管道组成，其作用是为冷水机组中的制冷机提供冷却水，保证冷凝器正常工作。空气处理系统由各种空气处理设备和风机、阀门等组合而成，用来对进入的空气进行处理并将处理后的空气送出。空调热力系统的主要任务是为空调机组提供不同温度的热水，其主要设备有蒸汽/热水锅炉、汽-水或水-水换热器及相应的管路等。

在图 3-2 中，冷水机组产生的冷水由冷冻水泵输送给各空调机组，供表面冷却器、喷水室等对空气进行降温、除湿处理，其回水返回到制冷机，经蒸发器降温后重复循环使用。由冷却塔产生的冷却水经冷却水泵送入制冷机冷凝器中对制冷剂进行冷却，工作后的回水返回冷却塔再次冷却后重复循环。热力系统的热源可以是锅炉，也可以是来自集中供热管网的热力站，它们产生的热水通过热水循环泵送入各空调机组的加热器，对空气进行加热处理，从加热器流出的回水返回热源被重新加热，如此循环往复。

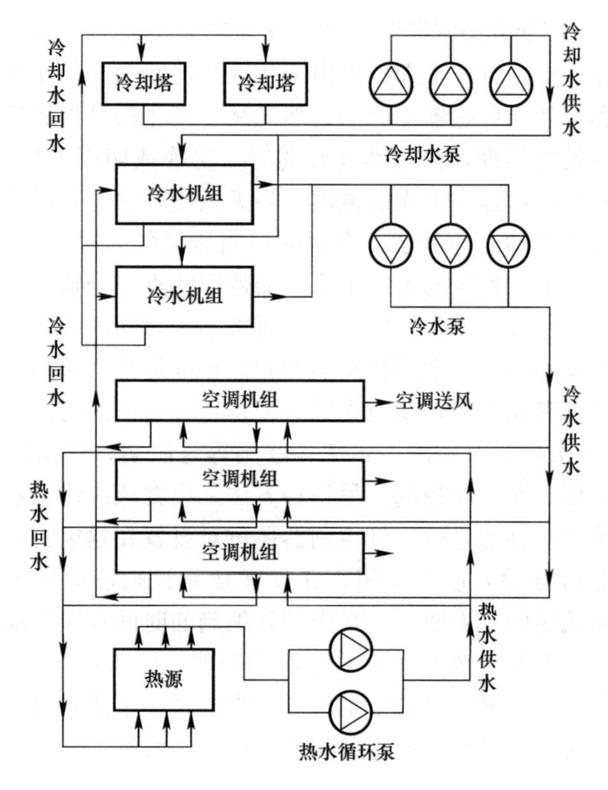

图 3-2　空调系统组成

(2) 空调系统监控

空调系统中设备种类多，数量大，分布广，它们消耗着建筑物 50%以上的电能，但实际运行中，不同空调区域内的热、湿负荷往往不同，一般都低于空调系统的设计负荷。因此，空调系统中的各种设备不需要在任何情况下都以满负荷方式运行，空调监控系统的主要任务就是监测各种参数及设备的工作状态，在保证提供舒适环境的基础上，根据实际负荷情况实时控制各设备的运行，以节省能源。例如根据实际冷负荷确定冷机开启台数及运行模式，根据室内实际温湿度变化调节空调机组冷（热）水量、风量等，上下班时间适当地提前启动空调进行预冷，提前关闭空调，依靠建筑物的热惯性维持下班前一段时间的室内环境温度，夏季工况的夜间吹洗（利用凌晨清新的凉空气，对整栋建筑进行吹洗，对建筑物降温，减少开机时的冷负荷量）等。

空调系统监控是分别针对空调系统中的制冷系统、冷却水系统、空气处理系统和热力系统等各个组成部分实现的。对于制冷系统，由于空调制冷的方式多样，有压缩式制冷、吸收式制冷、蓄冰制冷等，则其监控的内容因制冷方式的不同而有所不同，监控的主要目的是根据室内负荷的变动调节制冷机组冷水的进出口温度，一方面满足室内负荷要求，另一方面使制冷机组始终保持较高的效率。对于冷却水系统，是根据制冷机组对冷却水的进水温度要求，控制冷却塔风机的启停，在保证冷却水温度要求的前提下，通过减少冷却塔风机台数节能；对于空气处理系统，针对新风机组、空调机组、风机盘管和变风量空调系统的监控内容及要求也不尽相同，主要的监控内容是根据室内冷（热）负荷情况，对空调机组冷（热）水量、风量进行控制，在满足室内舒适度的情况下尽量减小冷（热）水量和风量；对于由热源、热换站及供热网组成的热力系统，由于其热源可以是自备锅炉或城市热力网，而锅炉又分为热水锅炉和蒸汽锅炉，所以其监控的内容也因热源形式不同而不相同，对于锅炉的监控是根据房间所需热负荷和实际热负荷自动启、停锅炉及热水给水泵的台数，而热交换系统监控的内容是监测水力工况，保证热水系统的正常循环、控制热交换过程以保证要求的供热水参数等。具体的监控内容及实现方法将在“建筑设备管理系统”课程中详细讲授。

4. 给水排水系统及其监控

给水排水系统是建筑必不可少的组成部分。给水系统将城市给水管网或自备水源的水引入建筑物内，送至各种用水设备，并满足各用水点对水量、水压和水质的要求；排水系统接纳、汇集各种卫生器具和用水设备排放的污、废水，以及屋面的雨雪水，并在满足排放要求的条件下，排入室外排水管网。给水排水系统主要由各种水泵、水箱、水池、管道及阀门等组成，而其监控系统的任务是保证供水/排水系统的正常运行，监控的内容包括对各给水泵、排水泵、污水泵及饮用水泵的运行状态进行监视，对各种水箱及污水池的水位、给水系统压力进行监测，并根据这些监测信息，控制相应的水泵启、停或按某种节能方式运行，对给水排水系统的设备进行集中管理，从而保证设备的正常运行，实现给水排水管网的合理调度，使给排水系统工作在最佳状态。

5. 电梯系统及其监视

电梯可分为直升电梯和手扶电梯，一般通称直升电梯为电梯，手扶电梯为自动扶梯。电梯及自动扶梯是现代建筑中非常重要的交通工具之一，电梯、自动扶梯一般都带有完备的控制装置，建筑设备监控系统只监测它们的运行情况（工作状态、运行楼层信息等），因而需要将这些控制装置与建筑设备监控系统相连并实现它们之间的数据通信，使设备监控管理中心能够随时掌握各个电梯、自动扶梯的运行状态及故障报警，并在火灾、非法入侵等特殊情况下对它们的运行进行直接控制。

3.1.2 建筑能效监管系统

建筑能效是指建筑物中的能量在转化和传递过程中有效利用的状况。建筑能效监管系统是以建筑内各用能设施基本运行为基础条件，应用智能化集成技术、信息采集处理技术，对建筑内各用能设施的能耗信息予以采集、显示、分析、诊断、维护、控制及优化管理，通过资源整合形成具有实时性、全局性和系统性的能效综合管理系统。建筑能效监管系统依据各类机电设备运行中所采集的反映其能源传输、变换与消耗的信息，通过数据分析和节能诊断，明确建筑的用能特征，发现建筑耗能系统各用能环节中的问题和节能潜力，通过建筑设备管理系统实现对建筑内所有的用能设备（包括空调机组、通排风设备、冷热源设备、给水排水系统、照明设备等）运行的优化管理，提升建筑用能功效，达到“管理节能”和“绿色用能”。

1. 建筑能效监管系统的组成结构

建筑能效监管系统的组成结构如图3-3所示。由图3-3可见，建筑能效监管系统的组成结构分为三层：最下层为现场层，中间层为网络层，最高层为管理层。

（1）现场层

现场层由各种计量仪表和数据采集器组成，计量仪表担负着最基层的数据采集任务，数据采集器实时采集计量仪表采集到的建筑能耗数据并向数据中心上传。

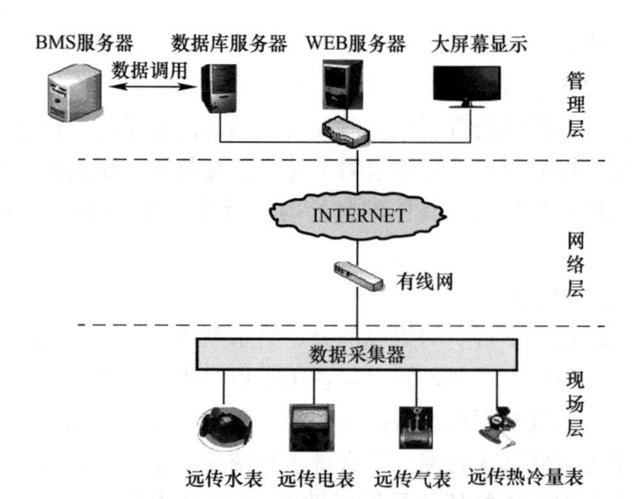

图 3-3　能效监管系统结构图

(2) 网络层

网络层由网络设备和通信介质组成，一方面将采集到的能耗数据上传至能耗数据中心，另一方面转达上位机对现场设备的各种控制命令。

(3) 管理层

管理层主要由系统软件和必要的硬件设备组成，是面向系统管理人员的人机交互的窗口，主要实现信息集中监视、报警及处理、数据统计和储存、文件报表生成和管理，数据管理与分析等，并具有对各智能化系统关联信息采集、数据通信和综合处理等能力。

2. 建筑能效监管系统的功能

(1) 对建筑能耗实现精确的计量、分类归总和统计分析，建立科学有效节能运行模式与优化策略方案，实现对建筑能效的监管，提升建筑设备系统协调运行和优化建筑综合性能，实现能源系统管理的精细化和科学化。

(2) 实现对能源系统的低效率、能耗异常的检测与诊断，查找耗能点，挖掘节能潜力，提高能源系统效能。

3.1.3　需纳入管理的其他业务设施系统

能源短缺已经成为我国社会面临的共同问题，可再生能源的开发、使用及监管成为我国应对能源危机的重要措施。在我国《智能建筑设计标准》GB/T 50314—2015 中，明确了智能建筑应“形成以人、建筑、环境互为协调的整合体，为人们提供安全、高效、便利及可持续发展功能环境”，并对建筑设备管理系统提出支撑绿色建筑功效的要求，即基于建筑设备监控系统，对可再生能源实施有效利用和管理，为实现低碳经济下的绿色环保建筑提供有效支撑。因而本节在需纳入建筑设备管理系统管理的其他业务设施系统中，重点介绍建筑可再生能源监管系统。

1. 建筑可再生能源监管系统的组成

目前在世界范围内认可的可再生能源有太阳能、地热能、生物质能、风能等，建筑中应用较多的可再生能源主要是太阳能和地热能。其中，太阳能应用系统主要包括太阳能热水系统、太阳能供热供暖系统、太阳能供热制冷系统、太阳能光伏系统；地热能应用系统主要包括地热供暖系统和地源热泵系统等。建筑可再生能源监管系统主要是对以上系统进行监管。建筑可再生能源监管系统的组成如图 3-4 所示。

由图 3-4 可见，建筑可再生能源监管系统由下层各自相对独立的可再生能源应用监控系统和上层对各相对独立的可再生能源应用监控系统实施综合管理的监管平台组成，可再生能源监管平台也可合并于 3.1.2　建筑能效监管系统的建筑能效监管平台。下面简要介绍下层的可再生能源应用系统及其监控。

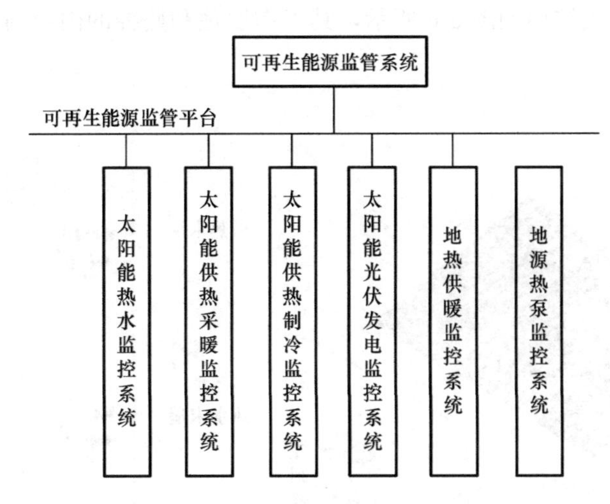

图 3-4　建筑可再生能源监管系统的组成

(1) 太阳能热水系统及其监控

太阳能热水系统利用太阳能集热器最大限度地吸收太阳光辐射热能，通过热交换将热能传递给冷水，加热后的水被收集在储热水箱内，统一供用户使用。太阳能热水系统由太阳能集热器、热水箱、补水箱、水泵、辅助加热装置、阀门及管道组成，其组成结构如图 3-5 所示。太阳能上水泵将补水箱内的冷水输送到太阳能集热器内，通过吸收太阳辐射能量后水温度升高变成热水，热水被送入到热水箱内，通过供水泵给用户供水，同时具有一定温度的供暖用的用户回水通过回水管道输送回热水箱内。热水箱内有溢流口，当热水箱内的热水太满时，一部分热水通过溢流口流入补水箱内。补水箱内的水由外接的自来水管道送入，为了防止水质过硬而造成补水箱内产生水垢，在自来水入口处加设水质软化器。系统还设有辅助加热装置，当阴天或雨天等太阳辐射强度低，只靠太阳能集热器无法满足热水供应要求时，开启辅助加热装置，并将热水送入热水箱内。

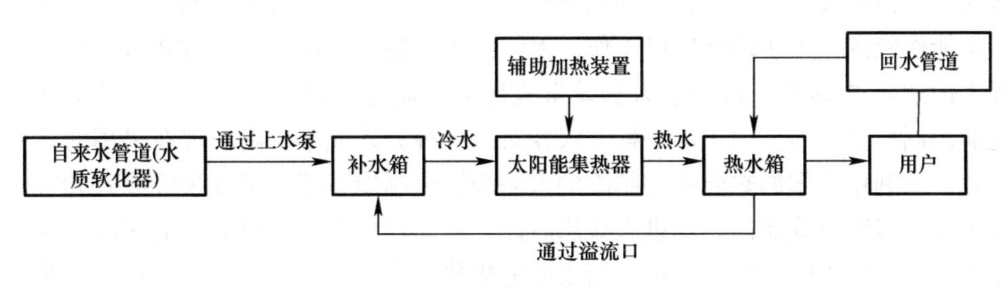

图 3-5　太阳能热水系统的组成

太阳能热水监控系统通过监测系统中水位、温度、压力等参数自动控制上水泵、补水泵、热水供应泵、辅助加热装置等设备的启停，保证正常及阴雨天气的情况下用户热水的需求。

(2) 太阳能供热供暖系统及其监控

太阳能供热供暖系统与太阳能热水系统一样，利用太阳能集热器最大限度地吸收太阳光辐射热能，通过热交换将热能传递给冷水，将加热后的水输送到发热末端提供温度。太阳能供热供暖系统组成结构如图 3-6 所示，其工作原理和监控的内容与太阳能热水系统基本相同。

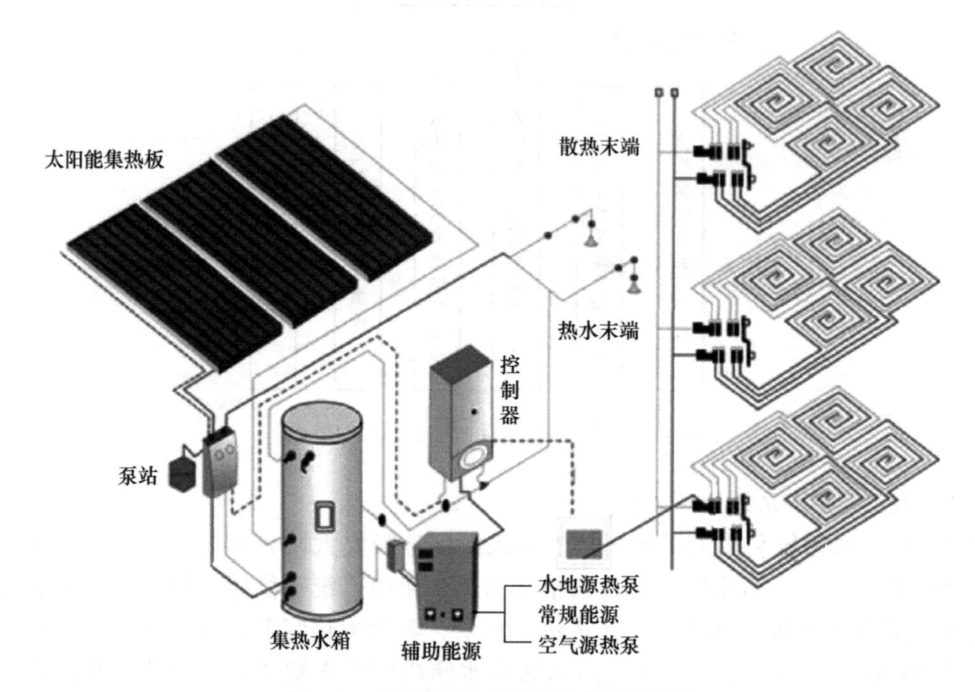

图 3-6　太阳能供热供暖系统的组成结构

(3) 太阳能供热制冷系统及监控

制冷是指使某一系统的温度低于周围环境介质的温度并维持这个低温。为了使这一系统达到并维持所需要的低温，需要不断地从它们中间取出热量并将热量转移到环境介质中去，在自然条件下热量只能从高温物体向低温物体转移，要使热传递方向倒转过来，只有靠消耗功来实现。人工制冷是借助于制冷装置，消耗一定的外界能量，迫使热量从温度较低的被冷却物体传递给温度较高的环境介质，得到人们所需要的各种低温。太阳能制冷就利用太阳能作能源，来驱动制冷机工作。太阳能供热制冷系统的实现方式有两种，一种是先实现太阳能光-电转换，再用电力驱动常规压缩式制冷机进行制冷；另一种是利用太阳的热能驱动制冷机制冷。由于前一种方式相对后一种方式成本较高，现在采用的主要是后一种方式。而利用太阳的热能驱动制冷的太阳能供热制冷系统又可分为吸收式和吸附式两种，其中太阳能吸收式制冷已经进入应用阶段，因而在此主要介绍太阳能吸收式制冷系统及其监控。太阳能吸收式制冷系统包括太阳能集热系统、冷机系统、冷水循环系统、冷却水循环系统以及辅助系统（膨胀水箱、补水箱等系统）。其中冷水循环系统、冷却水循环系统以及辅助系统与传统制冷系统相同，其太阳能集热系统由太阳能热水循环系统、热交换循环系统、热媒水循环系统组成，其组成结构如图3-7所示。系统运行过程中，太阳能热水循环系统通过太阳能集热器和热水箱为整个系统提供热水；热交换循环系统通过热交换器将太阳能热水循环系统的热量传递给热媒水循环系统；热媒水循环系统通过热媒水的循环为太阳能吸收式制冷式制冷机内的发生器提供热量，维持制冷剂蒸发气化所需的能量，保证太阳能吸收式制冷机的制冷运行工况。

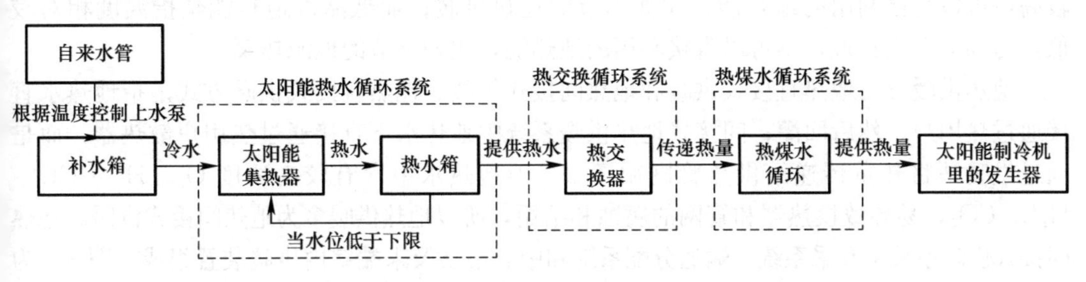

图3-7 太阳能集热系统结构图

太阳能供热制冷监测系统通过监测系统中温度、水位、水流等参数自动控制上水泵、热水循环泵、热媒水循环泵等设备的启停，保证需要供冷情况下用户热源的需求，具体监控内容与太阳能热水系统基本相同。

(4) 太阳能光伏系统及监测

太阳能光伏发电系统是指通过光电转换装置把太阳能辐射能转换成电能利用，光电转换装置通常是利用半导体器件的光生伏打效应原理进行光电转换的，因此又称为太阳能光伏发电系统。太阳能光伏发电系统由太阳能电池方阵、蓄电池组、充放电控制器、逆变器等设备组成。太阳能光伏发电系统组成如图3-8所示。

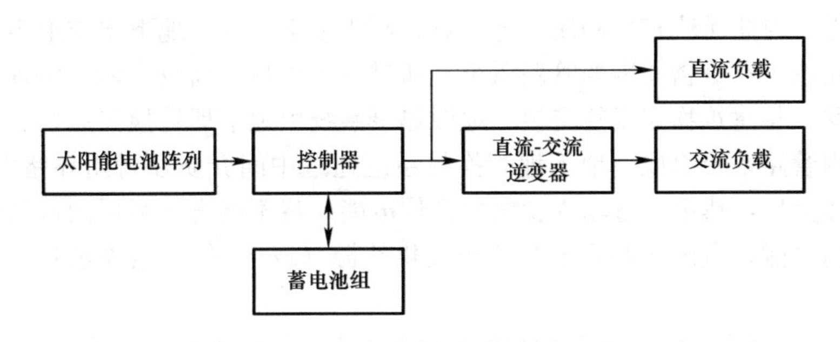

图3-8 太阳能光伏发电系统组成图

光伏发电系统根据是否接入公共电网分为独立光伏发电和并网光伏发电。独立光伏发电系统将光伏电池板产生的电能通过控制器直接给负载供电，在满足负载需求的情况下将多余的电力给蓄电池充电；当日照不足或者在夜间时，则由蓄电池直接给直流负载供电或者通过逆变器给交流负载供电。并网太阳能光伏发电系统不经过蓄电池储能，通过并网逆变器直接将电能输入公共电网。

太阳能光伏发电系统同以往的建筑供配电系统一样，只需要对系统中的一些重要参数如电压、电流、功率因数等进行采集，对于设备、开关等不作控制，即“只监不控”。监测内容包括太阳能光伏阵列表面温度和蓄电池组的温度、室外太阳光的光照强度、太阳能光伏阵列输出电压/电流、蓄电池端电压以及蓄电池输入输出电流、逆变器逆变后交流电的电压/电流及功率因数、市电网的电压/电流及功率因数、由市电网送来的电量和给市电网输出的电量等。

(5) 地热供暖系统及监控

地热能有高品位地热能与低品位地热能之分。所谓高品位地热能是指地热资源的温度较高，可以直接利用的地热能，比如本节的地热供暖；而低品位地热能是指温度相对较低，与环境温度相近，不可以直接利用的地热能，比如下节的地源热泵。

地热供暖分为地热直接式供暖和地热间接式供暖。地热直接式供暖方式是指地热水直接通过热用户，然后回灌；间接式地热供暖系统中地热水不直接通过热用户散热器，而是通过供暖站将热量传递给供热管网循环水。因地热水中含有较高浓度 O_2、H^+、CL^+、H_2S、CO_2，易导致换热器和管网的腐蚀和结垢，所以地热供暖多为地热间接式供暖。地热间接式供暖系统由开采系统、输送分配系统和中心泵站及末端室内供暖装置组成，图 3-9 为地热供暖系统的结构图。

图 3-9　地热供暖系统结构图

对地热供暖系统的监控主要是通过对地热管道中热水的温度、流量、压力等数据的实时采集和系统分析控制，来调整中心泵站或各个子系统中变频水泵的启停和运转频率，从而调节整个供暖系统的供热温度和管网压力。

(6) 地源热泵系统及监控

在土壤、地下水和地表水中蕴藏着无穷无尽的低品位热能，由于这些热能的温度与环境温度相近，因此无法直接利用。地源热泵利用地下土壤、地下水或地表水相对稳定的特性，利用埋于建筑物周围的管路系统，通过输入少量的高位电能，实现低位热能向高位热能转移，与建筑物完成热交换。地源热泵系统由地下埋管换热系统、热泵工质循环系统和室内管路系统组成。地下埋管换热系统通过中间介质在封闭环路中循环流动，实现与土壤热交换，热泵通过输入少量的高位电能，将不能直接利用的低品位热能转换为可利用的高位能，室内管路系统为建筑提供热源（或冷源）。地源热泵的冬季应用如图 3-10 所示。

地源热泵系统监控的内容包括用户侧及地源侧流量及供回水温度监测、设备的输入功率和耗电量等用电参数监测、室内空调房间的温湿度及室外环境温湿度监测、水泵运行状态监控、水源热泵机组的监控。

2. 建筑可再生能源监管系统功能

可再生能源监管系统集可再生能源过程监控、能源调度、能源管理为一体，在确保能源调度的科学性、及时性和合理性的前提下，实现对太阳能、地热能等各种可再生能源利用系统进行监控与管理、统一调度，提高能源利用水平，实现提高整体能源利用效率的目的。

图3-10 地源热泵系统冬季应用

3.1.4 建筑设备管理系统的整体功能

建筑设备管理系统（BMS）具有各子系统之间协调，全局信息管理以及全局事件应急处理的能力，为用户提供高效、节能、舒适、温馨而安全的环境，并降低建筑物的能耗和管理成本，其整体功能可以概括为以下四个方面：

（1）实现以最优控制为中心的过程控制自动化。建筑设备监控系统对建筑设备按预先设置好的控制程序进行控制，根据外界条件、环境因素、负载变化等情况自动调节各种设备，使之始终运行在最佳状态，确保建筑设备能够稳定、可靠、经济地运行。如空调设备可以根据气候变化、室内人员多少自动调节到既节约能源又感觉舒适的最佳状态。

（2）实现以运行状态监视和计算为中心的设备管理自动化。对建筑设备的运行状态进行监视，自动检测、显示、打印各种设备的运行参数及其变化趋势或历史数据，按照设备运行累计时间制定维护保养计划，延长设备使用寿命。

（3）实现以安全状态监视和灾害控制为中心的防灾自动化。由于与公共安全系统信息关联，因而可对建筑内的人员和财产的安全进行有效监视，及时预测、预警各种可能发生的灾害事件。当有突发事件发生时，通过对相关的建筑设备的联动控制，以使灾害的损失减到最小。

（4）实现以节能运行为中心的能量管理自动化。充分利用自然光和自然风来调节室内环境，根据大楼实际负荷开启设备，避免设备长时间不间断运行，最大限度减少能源消耗，通过对水、电、气等能耗的监测与计量和对可再生能源利用的监控与管理，提供最佳能源控制策略，实现能源管理自动化。

3.2 公共安全系统

公共安全系统（Public Security System）是为维护公共安全，运用现代科学技术，具有以应对危害社会安全的各类突发事件而构建的综合技术防范或安全保障体系综合功能的系统。

公共安全系统针对建筑内火灾、非法侵入、自然灾害、重大安全事故等危害人们生命和财产安全的各种突发事件，建立应急及长效的技术防范保障体系，其主要内容包括火灾自动报警系统、安全技术防范系统和应急响应系统。火灾自动报警系统包括火灾探测报警系统、可燃气体探测报警系统、电气火灾监控系统和消防联动控制系统等。安全技术防范系统包括安全防范综合管理（平台）和入侵报警、视频安防监控、出入口控制、电子巡查、访客对讲、停车库（场）管理系统等。应急响应系统是以火灾自动报警系统、安全技术防范系统为基础构建的具有应急技术体系和响应处置功能的应急响应保障机制或履行协调指挥职能的系统，一般包括有线/无线通信、指挥和调度系统；紧急报警系统；火灾自动报警系统与安全技术防范系统的联动设施；火灾自动报警系统与建筑设备管理系统的联动设施；紧急广播系统与信息发布与疏散导引系统的联动设施，并可配置基于建筑信息模型（BIM）的分析决策支持系统、视频会议系统、信息发布系统等，具有对各类危及公共安全的事件进行就地实时报警、采取多种通信方式对自然灾害、重大安全事故、公共卫生事件和社会安全事件实现就地报警和异地报警、管辖范围内的应急指挥调度、紧急疏散与逃生紧急呼叫和导引、事故现场紧急处置等功能。

公共安全系统的基本组成如图 3-11 所示。

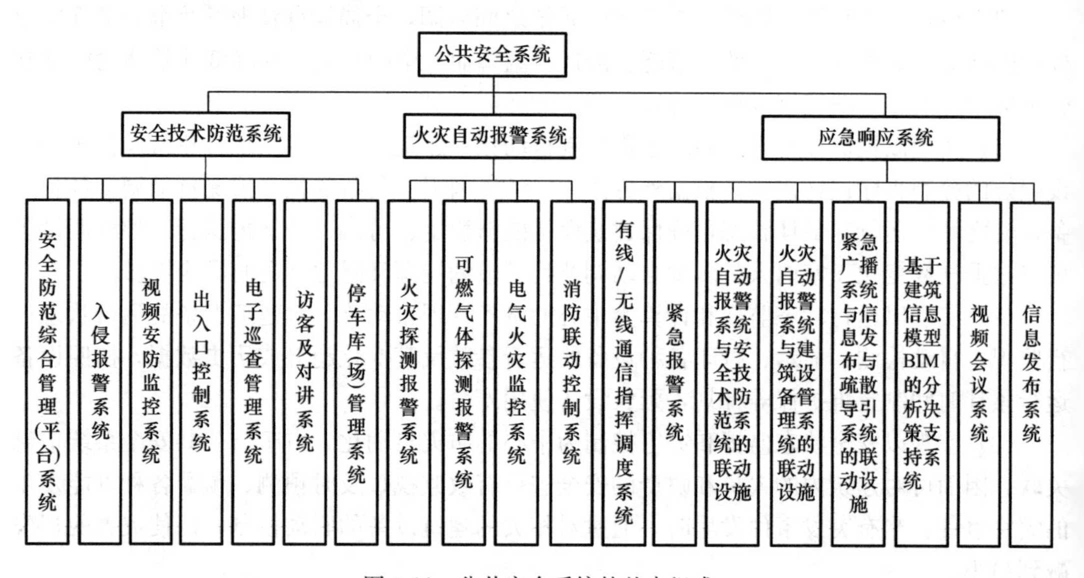

图 3-11　公共安全系统的基本组成

3.2.1　火灾自动报警系统

火灾自动报警系统的宗旨是“以防为主，防消结合”，其主要作用是采用现代检测技术、自动控制技术和计算机技术对火灾进行早期探测和自动报警，及时发现并报告火情，联动控制自动消防设施，预防和减少火灾危害，保护人身和财产安全。火灾自动报警系统的内容主要包括火灾探测报警系统、可燃气体探测报警系统、电气火灾监控系统和消防联动控制系统等。前三者的作用是将现场探测到的温度或烟雾浓度、可燃气体的浓度及电气系统异常等信号发给报警控制器，报警控制器判断、处理检测信号，确定火情后，发出报警信号，显示报警信息，并将报警信息传送到消防控制中心，消防控制中心记录火灾信息，显示报警部位，协调联动控制。联动控制系统的作用是按一系列预定的指令控制消防联动装置动作，比如开启建筑内的疏散警铃和消防广播通知人员尽快疏散；打开相关层电梯前室、楼梯前室的正压送风及排烟系统，排除烟雾；关闭相应的空调机及新风机组，防止火灾蔓延；开启紧急诱导照明灯，诱导疏散；根据建筑特点，使发生火灾及相关危险部位的电梯回到首层或转换层，消防电梯投入紧急运行等；当着火场所温度上升到一定值时，自动喷水灭火系统动作，在发生火灾区域进行灭火，实现消防自动化。

1. 火灾探测报警系统

火灾探测报警系统由火灾探测器、火灾报警控制器、火灾报警及显示装置组成。

可燃物在燃烧过程中，一般先产生烟雾，同时周围环境温度逐渐上升，并产生可见与不可见的光，即可燃物从最初燃烧到形成大火需要一定的时间。火灾探测器的功能就是及时探测火灾初期所产生的烟、热或光，进行火灾报警。根据探测火灾参数的不同分为感烟式、感温式、感光式和复合式火灾探测器等。

火灾报警控制器是火灾自动报警系统中的核心组成部分，用以接收火灾探测器发送的火灾报警信号，迅速、正确地进行转换和处理，并以声、光等形式指示火灾发生的具体部位，与消防联动系统的灭火装置、防火减灾装置一起构成完备的火灾自动报警与自动灭火系统。

火灾警报装置以声、光等方式向报警区域发出火灾警报信号，以警示人们采取安全疏散、灭火救灾措施。最基本的火灾警报装置是火灾警报器和警铃。火灾显示装置有火灾显示盘和消防控制室图形显示装置。火灾显示盘是火灾报警指示设备的一部分，可显示火警或故障的部位或区域，并能发出声光报警信号；消防控制室图形显示装置可显示保护区域内火灾报警控制器、火灾探测器、火灾显示盘、手动火灾报警按钮的工作状态，显示消防水箱（池）水位、管网压力等监管报警信息，显示可燃气体探测报警系统、电气火灾监控系统的报警信号及相关的联动反馈信息等。

2. 可燃气体探测报警系统

可燃气体包括天然气、煤气、石油液化气、石油蒸气和酒精蒸气等，这些气体主要含有烷类、烃类、烯类、醇类、苯类和一氧化碳、氢气等成分，是易燃、易爆的有毒有害气体。可燃气体在生产、输送、贮存和使用过程中，一旦发生泄漏，都可能造成燃烧爆炸，危及国家及人民的生命财产安全。可燃气体探测报警系统由可燃气体报警控制器、可燃气体探测器和火灾声光警报器等组成，主要应用于生产、使用可燃气体的场所或有可燃气体产生的场所。当保护区域内泄露可燃气体的浓度超过限度时，可燃气体探测器向可燃气体报警控制器发出报警信号，后者启动保护区域的声光报警器，提醒人们及早采取安全措施，避免由于可燃气体泄漏引发的火灾和爆炸事故的发生，同时将报警信息传给消防控制室显示装置。

3. 电气火灾监控系统

随着经济建设的发展，生产和生活用电大幅度增加。电在为生产和生活各个方面服务的同时，也是一种潜在的火源，配电回路及用电设备的漏电、过载和短路等故障引发的电气火灾给国家财产和人民的生命安全造成的损失已不容忽视。因此，在火灾自动报警系统设计中应根据建筑物的性质、发生电气火灾的危险性、保护对象的等级等，设置电气火灾监控系统，防止电气火灾的发生。

电气火灾监控系统由电气火灾监控设备、电气火灾监控探测器组成。电气火灾监控探测器用于探测被保护线路中可能引发电气火灾的剩余电流参数的变化和温度参数的变化，当参数达到报警设定值时，发出报警信号。电气火灾监控设备接收来自电气火灾监控探测器的报警信号，控制声光报警设备报警并指示报警部位，记录并保存报警信息。

电气火灾监控系统与火灾探测报警系统的区别在于后者是针对已经发生火情的后期报警系统，立足扑救，是为了减少损失。而前者是立足预防，专门针对电气线路故障和涉电意外的前期预警系统，是为了避免损失。

4. 消防联动控制系统

火灾发生时，火灾报警控制器发出报警信息，消防联动控制系统根据火灾信息联动逻辑关系，输出联动信号，启动有关消防设备实施防火灭火，消防联动控制系统联动的内容如图 3-12 所示。由图 3-12 可见，消防联动控制系统控制的对象有灭火装置、减灾装置和应急疏散装置。

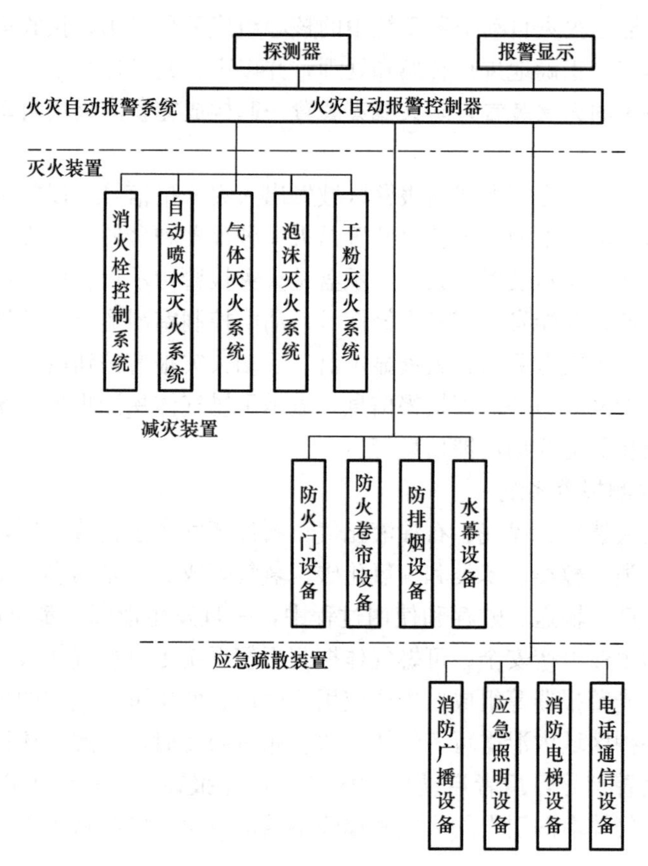

图 3-12 消防联动控制系统的组成

(1) 灭火装置

灭火装置分为水灭火装置和其他常用灭火装置。水灭火装置又分为消火栓灭火系统和自动喷水灭火系统。其他常用灭火装置分为气体灭火系统、泡沫灭火系统和干粉灭火系统等。

消火栓灭火是建筑物中最基本和常用的灭火方式。消防控制中心设置消火栓灭火控制柜，集中接受来自楼内消火栓灭火的报警信号，进行相应的声光报警，实现对消防泵的启动控制，为消防用水加压，满足现场灭火需要；自动喷水灭火系统是在建筑物内按照适当的间隔和高度，安装自动喷水灭火喷头，当发生火灾时，着火场所温度上升，当温度上升到一定值，喷头温控件受热破碎，喷头开启，喷水灭火；气体灭火系统在火灾被确认并留出保护区内人员撤离的延时时间后，联动控制器控制气体压力容器上的电磁阀放出灭火用气体灭火，主要用于火灾时不宜用水灭火或有贵重设备的场所，比如变配电室、计算机房、可燃气体及易燃液体仓库等；干粉灭火剂是一种干燥的、易于流动的细微粉末，对燃烧有抑制作用，平时储存于干粉灭火器或干粉灭火设备中，当防护区发生火灾时，火灾控制器报警，消防中心自动控制启动或由消防人员手动启动气瓶，加压气体进入干粉灭火剂储存罐，当储存罐压力上升到设计压力时，压力传感器向消防控制中心发送信号，消防控制中心发出指令打开干粉灭火剂储存罐出口的总阀门，干粉由输送管输送到防护区经喷嘴射出，熄灭火焰；泡沫灭火剂是一种体积较小，表面被液体围成的气泡群，其比重远小于一般可燃、易燃液体，因此可漂浮或黏附在可燃、易燃液体或固体表面，形成一个泡沫覆盖层，可使燃烧物表面与空气隔绝，窒息灭火。

（2）减灾装置

常用的减灾装置有防排烟装置和阻止火势蔓延的防火门、防火卷帘等。火灾产生的烟雾对人的危害非常严重，一方面着火时产生的一氧化碳烟雾是造成人员死亡的主要原因，另一方面火灾时产生的烟雾遮挡人的视线，使人辨不清方向，无法紧急疏散。所以火灾发生后，要迅速排出烟气，并防止烟气进入非火灾区域。防排烟系统主要包括正压风机、排烟风机、正压送风阀、防火阀、排烟阀等，主要作用是防止有害有毒气体侵入电梯前室、避难层和人员疏散通道等部位，防止有害有毒气体扩散蔓延；火灾发生时，为了防止火势扩散蔓延，需要采用防火墙、防火楼板、防火门、防火阀和防火卷帘等防火分隔措施，以降低火灾损失。设置在疏散通道上的电动防火门，平时处于开启状态，火灾发生时，设置在防火门所在防火分区内的两只独立的火灾探测器或一只火灾探测器与一只手动火灾报警按钮的报警信号，作为常开防火门关闭的联动触发信号控制防火门关闭。防火卷帘主要应用于商场、营业厅、建筑物内的中庭以及门洞宽度较大的场所，用以分隔出防火分区。火灾发生时，防火分区内任两只独立的感烟火灾探测器或任一只专门用于联动防火卷帘的感烟火灾探测器的报警信号联动控制防火卷帘下降至可使人疏散的高度，任一只专门用于联动防火卷帘的感温火灾探测器的报警信号联动控制防火卷帘下到楼板面，以达到控制火灾蔓延的目的。

（3）应急疏散装置

建筑物的安全疏散设施有疏散楼梯、疏散通道、安全出口等。消防疏散通道门一般采用电磁力门锁集中控制方式，平时楼层疏散门锁闭，发生火灾时，消防联动控制系统打开疏散通道门。专用的应急疏散装置有应急照明、火灾事故广播、消防专用电话通信、消防电梯及高层建筑的避难层等。发生火灾时，室内动力照明线路有可能被烧毁，为了避免线路短路而使事故扩大，必须人为地切断部分电源线路，因此在建筑物内设置应急照明。应急照明主要包括备用照明、安全照明和疏散诱导（标志）照明。备用照明应用于正常照明失效时仍需继续工作或暂时继续工作的场合（如消防控制室、配电室等重要技术用房）；安全照明应用于火灾时因正常电源突然中断将导致人员伤亡的潜在危险场所（如医院内的重要手术室、急救室等）；疏散照明是指用以指示通道安全出口，使人们迅速安全撤离疏散至室外或某一安全地区而设置的照明，疏散照明一般设置在建筑物的疏散走道和公共出口处；火灾紧急广播系统在火灾发生时用于指挥火灾现场人员紧急疏散，指挥消防人员灭火。紧急广播系统一般与建筑物内的背景音乐广播系统合用，平时按照正常程序广播节目、音乐等，当发生火灾时，消防控制室将正常广播系统强制切换至紧急广播系统，并能在消防控制室用话筒播音；消防专用电话通信系统是与普通电话分开的独立的消防通信系统，该系统的设置是为了保证火灾发生时，消防控制室能直接与火灾报警设置点及其他重要场所通话，迅速实现对火灾的人工确认，并可及时掌握火灾现场情况，应急指挥，组织灭火；消防电梯供消防人员进行扑救火灾时使用，发生火灾时，消防联动控制器可使所有电梯停于首层或电梯转换层（也可根据建筑特点，先使发生火灾及相关危险部位的电梯回到首层或转换层．没有危险部位的电梯，可先保持使用），以便有关人员全部撤出电梯，消防电梯处于待命状态。

3.2.2 安全技术防范系统

安全技术防范系统包括安全防范综合管理（平台）和入侵报警、视频安防监控、出入口控制、电子巡查、访客对讲、停车库（场）管理系统等，其主要功能是保障建筑物内的人员生命财产安全以及重要的文件、资料、设备的安全。

1. 安全防范综合管理系统

安全防范综合管理系统以安防信息集约化监管为集成平台，对各种类技术防范设施及不同形式的安全基础信息互为主动关联共享，实现信息资源价值的深度挖掘应用，以实施公共安全防范体系整体化、系统化的技术防范系列化策略。安全防范综合管理系统设置安全防范系统中央监控室，通过统一的通信平台和管理软件将中央监控室设备与各子系统设备联网，实现由中央控制室对各子系统的运行状态进行监测和控制，实现各个子系统之间的通信和联动，并留有向外部报警中心联网的通信接口，可连接上位管理计算机，以实现大规模的系统集成。

2. 视频安防监控系统

视频安防监控系统利用视频探测手段对目标进行监视、控制和信息记录，其系统组成包括前端设备、传输系统、控制及显示与记录四个部分，系统组成结构如图3-13所示。

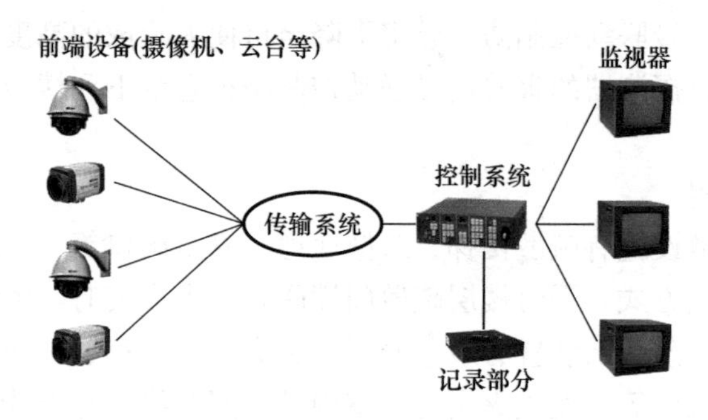

图3-13　视频安防监控系统组成图

（1）前端设备

安装在监视区域现场的设备称为前端设备。在视频监控系统中较常用的前端设备包括摄像机、摄像机云台、摄像机镜头、摄像机防尘罩、摄像机安装架、系统解码器、报警器等。摄像机用来摄制和传输监控区域的实时图像信息；镜头是安装在摄像机前端的成像装置，其作用是把观察目标的光像呈现在摄像机的靶面上；摄像机云台是支撑和固定摄像机的装置，也可用来控制摄像机的旋转，包括水平方向的旋转和垂直方向的旋转；摄像机防尘罩起隐蔽防护作用，主要功能是保护摄像机不受到尘埃和雨水等的损害。目前集防护罩、全方位高速预置云台、多倍变焦镜头和解码器于一体的摄像机由于使用安装方便，使用越来越广泛。对于现在的网络视频监控系统，其前端的摄像机采用基于 IP 的网络摄像机。网络摄像机除了具备一般传统摄像机所有的图像捕捉功能外，机内还内置了数字化压缩控制器和基于 WEB 的操作系统，使得视频数据经压缩加密后，通过局域网、Internet 或无线网络送至终端用户。

（2）传输系统

视频监控系统的前端设备与控制中心的信号传输包括两个方面。一方面前端摄像机摄取的视频信号传输到控制中心，另一方面控制中心的主控设备向前端设备传送控制信号。视频信号的传输可以采用同轴电缆、光纤和双绞线。控制信号的传输分为直接传输、多线编码间接传输和通信编码间接传输等多种方式。对于基于 TCP/IP 的网络视频监控系统，其系统传输纳入综合布线系统。

（3）控制部分

视频监控系统的控制部分是整个系统的核心组成部分，可以控制视频、音频信号的显示切换、整个系统资源的分配，镜头的推拉、控制云台、切换各个通信接口、控制监视器、配套电源等设备，值班人员可根据实际监控的需要，通过控制中心发出控制信号，调整摄像机镜头的焦距和光圈大小、控制云台沿水平或者垂直方向移动（自动巡视的云台可以自动调整云台的旋转，无需控制命令）来获取合适的监控图像。在现代的数字化系统中，监控系统与计算机最新技术相互结合，控制部分拥有了更为强大的功能。

（4）显示与记录

视频监控系统的显示与记录部分的主要作用是将摄像机采集的视频信号在监视设备上显示，并根据需要将监视录像记录下来。显示所用设备包括早期的监视器到现在的 LCD 拼接屏等，记录设备从早期的录像机到现在的硬盘录像机、网络存储等。

随着 IP 技术和数字技术的成熟，基于网络的视频监控系统正在向智能化的方向迈进。智能视频监控显示技术可以对新进入现场的人或物进行分析，并把相关数据传给监控人员，不仅可以检测区域破坏，还可以自动检测入侵禁止的区域，规定物体的移动方向，当有人在划定区域向异常方向移动时自动报警，从而在安全威胁发生之前就能够预警，并通知监控人员提前做好准备。

3. 出入口控制系统

出入口控制系统（又称为门禁系统）利用现代控制技术、计算机网络技术和智能识别技术，对出入建筑物、出入建筑物内特定的通道或者场所的人员进行识别和控制，保证大楼内的人员在各自允许的范围内活动，避免人员非法进入。

出入口控制系统的组成结构如图 3-14 所示，系统共分为三层，第一层为中央管理计算机，计算机上装有出入口管理软件，主要功能是实现对整个出入口控制系统的控制和管理，同时与其他的系统进行联网控制；第二层是分散在各个控制点的出入口控制器，主要功能是分散控制各个出入口，一方面识别进出人员的身份信息，并根据人员身份是否合法，接受中央控制计算机的控制命令对现场各个控制设备进行控制，另一方面将现场的各种出入信息及时传到中央控制计算机；第三层是各种通道识别设备和控制设备，如智能识别设备（读卡器、智能卡、指纹机、掌纹机、视网膜识别机、面部识别机等）、电子门锁以及报警器、出门按钮等。

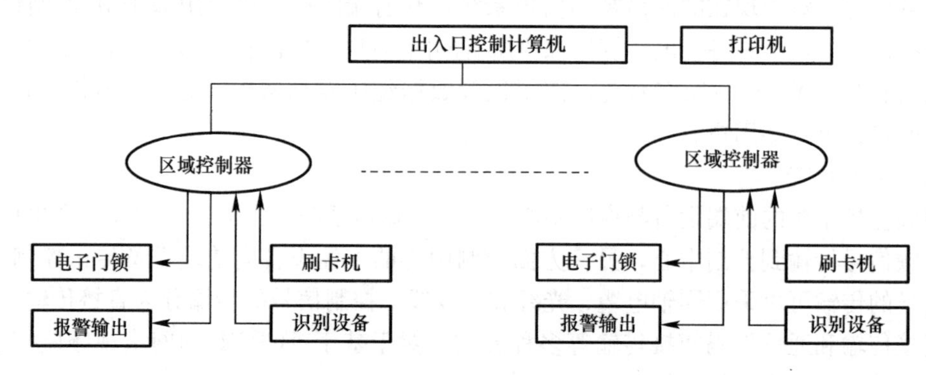

图 3-14　出入口控制系统的组成结构

出入口控制的一般工作过程为：智能识别装置、出入按钮接受出入信息，将其转换成电信号传送给出入口控制器，出入口控制器核查接受到的信息是否合法，如果合法则向电子门锁发出开锁命令，如果检测到非法或者遇到强行闯入的情况，则向报警器发出报警信号，同时向中央控制计算机发送相应的信号，由中央控制室采取进一步的解决措施。

4. 电子巡查管理系统

电子巡查管理系统的主要功能是保证巡查人员能够按照一定的顺序和时间对巡查点进行巡查，并保证巡查人员的安全。巡查点一般设置在大楼的主要出入口、主要通道、紧急出入口、主要部门所在地、配电房等重要场所。

电子巡查系统按照信息传输的方式可以分为在线巡查系统和离线巡查系统。在线巡查系统由中央控制计算机、网络收发器、前端控制器和前端开关等组成，系统组成如图 3-15 所示。巡查人员按照预先制定的巡查路线，在一定时间内到达巡查点，利用专用的钥匙触发巡查开关，巡查点通过前端控制器和网络收发器将“巡查到位”的信息传送给中央控制计算机，计算机同时记录巡查点的编号和巡查到达的时间。离线巡查系统由中央控制计算机、通信座、数据采集器、巡查钮等组成，系统组成如图 3-16 所示。巡查人员按照一定的巡查顺序，在规定的时间内到达指定的巡查点，通过数据采集读取巡查点的信息，采集器自动记录巡查点的地址和巡查到达的时间。巡查结束后，巡查人员将数据采集器插入到通信座中，数据自动传输并存储到中央控制计算机，并能够按照要求生成巡查报告，可以查询和打印任意一个巡查人员的巡查情况。离线巡查系统具有操作方式简便、灵活、施工方便的优点；在线巡查系统需要布线，施工不方便，但可实时获取巡查信息，在有门禁系统时可共用系统。目前比较常用的是离线巡查系统。

5. 入侵报警系统

入侵报警系统应用传感器技术和电子信息技术，探测并指示非法进入或试图非法进入设防区域的行为，在建筑物内进行区域界定或者定方位保护，当探测到有非法入侵、盗窃、破坏等行为发生时进行报警。

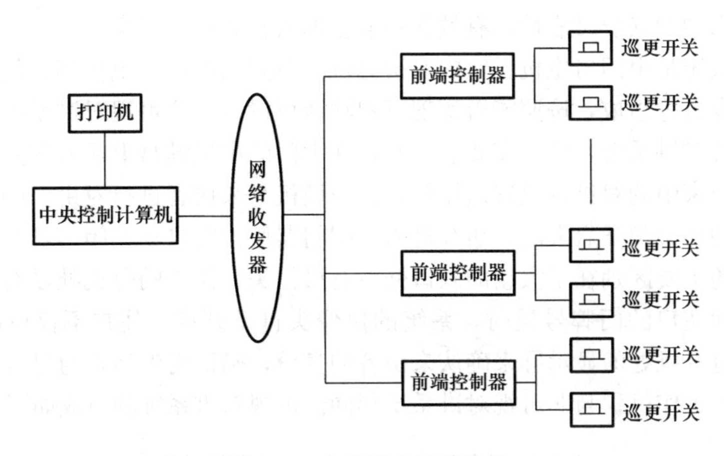

图 3-15　在线巡查系统组成

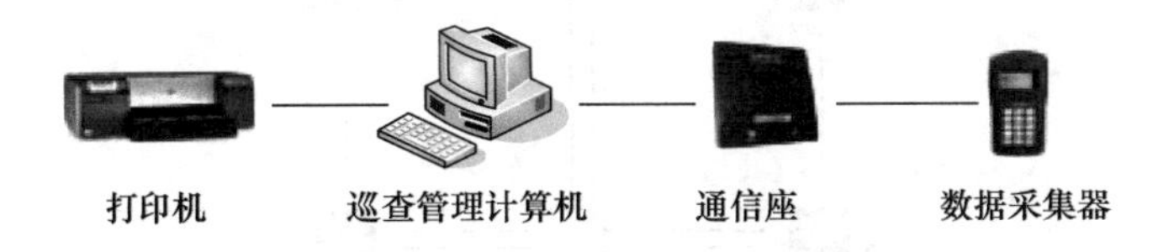

图 3-16　离线巡查系统组成

入侵报警系统由探测器、现场报警器、区域控制器和报警中央控制器等组成，其组成结构如图 3-17 所示。由图 3-17 可见，入侵报警系统分为三个层次。第一层是报警管理计算机，其主要的功能是对整个入侵报警系统实施控制和管理。第二层是分散在各个区域的区域控制器，其功能是接受来自末端探测器的信号，当区域控制器接收到探测器传来的异常信号时，一方面向末端报警装备发出报警信号，另一方面将入侵报警情况传送到报警中央控制器。第三层是探测器和执行设备，探测器负责探测非法入侵，并将其转换成相应的电信号，传输到区域控制器，末端的报警装置接受区域控制器的报警指令，在非法入侵发生时发出声光报警。

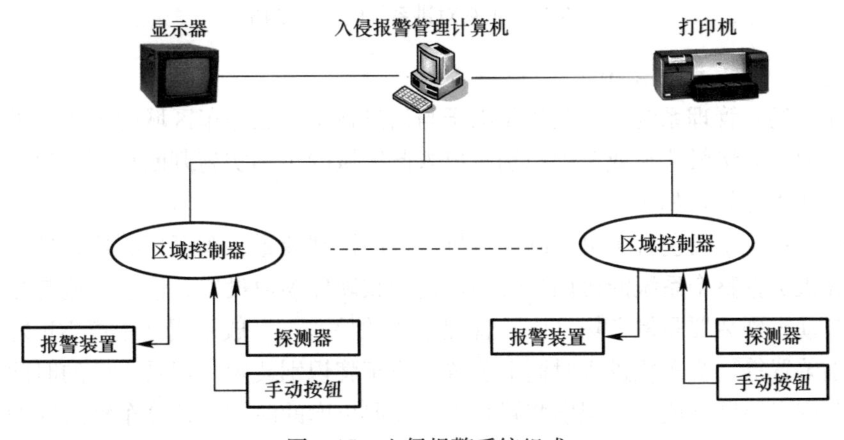

图 3-17　入侵报警系统组成

6. 访客对讲系统

访客对讲系统提供访客与住户之间双向通话或可视通话，达到语音识别或图像/语音双重识别，从而增加安全可靠性，有效保护业主的人身和财产安全。

访客对讲系统是由门口主机、室内对讲分机、不间断电源、电控锁、闭门器、中央管理机及其辅助设备等组成，按照能否实现可视功能可以分为非可视对讲系统和可视对讲系统。对于非可视对讲系统，访客需要进入时，在大门的主机键盘上输入访问住户的门牌号码，被访问住户家中的对讲分机发出振铃，住户摘机与来访者进行对讲，确认来访者身份后通过分机上的开关键开启大门，访客进入后闭门器使大门自动关闭。可视对讲系统与非可视对讲系统的主要区别在于大楼的入口处设有摄像头，住户的分机处设有显示屏，当来访者输入被访问住户的门牌号码时，系统的摄像头自动开启，住户不仅可以与来访者对讲，还可以通过分机处的显示屏来确认来访者的身份，确认无误后，通过分机上的按钮开启入口大门，其工作过程与非可视对讲系统相同。可视对讲系统的组成如图 3-18 所示。

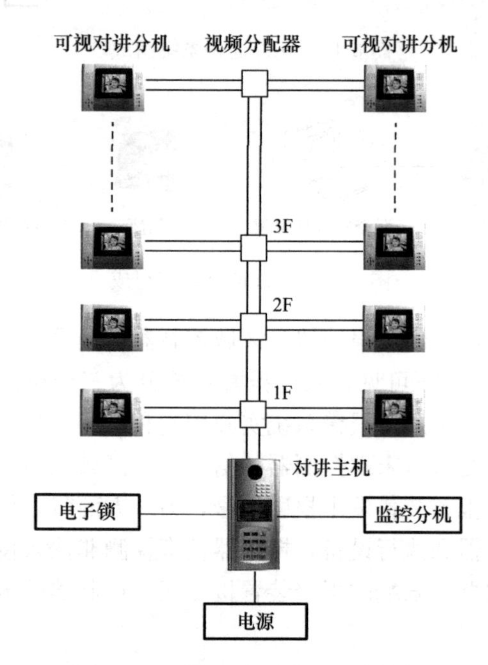

图 3-18　可视对讲系统的组成结构

7. 停车库（场）管理系统

停车库（场）管理系统基于现代化电子与信息技术，在停车区域的出入口处安装自动识别装置，通过非接触式卡或车牌识别对出入此区域的车辆实施判断识别、出入控制、停车引导、收费管理等，如图 3-19 所示。

停车管理系统主要包含中央控制计算机、自动识别装置、车辆探测器、挡车闸等。中央控制计算机负责整个系统的协调与管理，包括软硬件参数设置、信息交流与分析、命令发布等；自动识别装置是停车场（库）管理系统的核心，一般采用远距离 RF 射频卡和车牌自动识别装置等，当车辆进入时刷卡装置（或车牌识别装置）记录入库的时间，当车辆离开车库时刷卡装置（或车牌识别装置）再次读取出库的时间，计算车辆入库的时间，自动（或人工）收取相应的费用；车辆探测器一般安装在停车场（库）的出入口处，其主要的功能是感测被授权允许驶出或驶入的车辆是否到达出入口并正常驶出或驶入，以控制挡车闸的打开与关闭，在感应有车驶入时加 1，感应有车驶出时减 1，将统计结果传输给中央控制计算机，通过电子显示屏显示车位的状况。

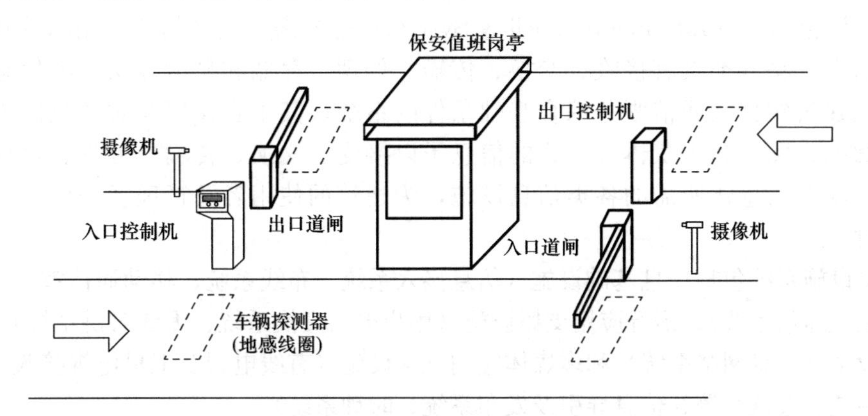

图 3-19　停车场管理系统示意图

3.2.3　应急响应系统

应急响应（指挥）系统是在火灾自动报警系统、安全技术防范系统基础上构建的应对突发事件的应急保障体系。应急响应（指挥）系统具有对火灾、非法入侵等事件进行准确探测和本地实时报警，对自然灾害、重大安全事故、公共卫生事件和社会安全事件实现就地报警和异地报警、指挥调度、紧急疏散与逃生导引、事故现场紧急处置等功能。应急响应（指挥）系统一般包括有线/无线通信、指挥和调度系统、紧急报警系统、火灾自动报警系统与安全技术防范系统的联动设施、火灾自动报警系统与建筑设备管理系统的联动设施、应急广播系统与信息发布与疏散导引系统的联动设施。

有线/无线通信、指挥和调度系统以计算机网络系统、监控系统、显示系统、有线/无线通信系统、图像传输系统等为支撑平台，在组织整合与信息整合的基础上，建立应急处置预案数据库，根据经验积累，对各类事件总结出一套行之有效的处理方案，使事件处理程序化，当事件发生时，有一套现成的方案供出警人员参考；紧急报警系统主要功能是在紧急情况发生时，利用应急联动系统的外部通信功能，在建筑自身采取应急措施的同时，及时向城市其他安全防范部门和应急市政基础设施抢修部门报警，综合各种城市应急服务资源，联合行动，为大楼用户提供相应的紧急救援服务，为公共安全提供强有力的保障；火灾自动报警系统与建筑设备管理系统的联动是指在出现火灾时，火灾自动报警系统对建筑设备实施相应的联动，防止火灾的蔓延和方便人员疏散，联动的对象有供配电系统、应急照明系统、电梯控制系统、空调设备及排烟正压送风设备等；火灾自动报警系统与安全技术防范系统的联动主要是安防视频监控设备和门禁系统，火灾时开启相关层安全技术防范系统的摄像机监视火灾现场，客观及时地掌握现场情况，自动打开疏散通道上由门禁系统控制的门及庭院的电动大门以及停车场出入口挡杆，以确保人员的迅速疏散；紧急广播系统-信息发布-疏散导引联动系统在突发事件发生时，向建筑中突发事件发生的区域进行应急广播，同时向楼内暂时还没有受到突发事件影响的楼层发布事件信息，启动相关的疏散导引设备，按照一定的紧急疏散预案进行有组织的疏散，以确保人员安全。

3.3 信息设施系统

信息设施系统（Information Facility System）是为满足建筑物的应用与管理对信息通信的需求，将各类具有接收、交换、传输、处理、存储和显示等功能的信息系统整合，形成建筑物公共通信服务综合基础条件的系统。其主要作用是对建筑内外相关的语音、数据、图像和多媒体等形式的信息予以接受、交换、传输、处理、存储、检索和显示，融合信息化所需的各类信息设施，为建筑的使用者及管理者提供信息化应用基础条件。

信息设施系统包括信息基础设施（信息接入系统、布线系统、移动通信室内信号覆盖系统、卫星通信系统）、语音应用支撑设施（用户电话交换系统、无线对讲系统）、数据应用支撑设施（信息网络系统）和多媒体应用支撑设施（有线电视及卫星电视接收系统、公共广播系统、会议系统、信息导引及发布系统、时钟系统）。

3.3.1 信息基础设施

1. 信息接入系统

信息接入系统是信息设施系统中的重要内容，其作用是利用接入网，将建筑物外部的公用信息网或专用信息网引入建筑物内，满足建筑物内各类用户对信息通信业务的需求。

信息接入系统根据接入传输媒介的不同，分为有线接入和无线接入两种方式。有线接入方式根据采用的传输介质可以分为铜线接入、光纤接入和混合接入。无线接入利用卫星、微波等传输手段，在端局与用户之间建立连接。无线接入初投资少、系统规划简单、扩容方便、建设周期短、提供服务快，在发展业务上具备很大灵活性，接入系统发展方向将以光纤接入与无线接入为主。

2. 布线系统

布线系统包括信息综合管路系统和综合布线系统。

信息综合管线系统适应各智能化系统数字化技术发展和网络化融合趋向，整合建筑物内各智能化系统信息传输基础链路的公共物理路由，使建筑中的各智能化系统的传输介质按一定的规律，合理有序地安置在大楼内的综合管路中，避免相互间的干扰或碰撞，为智能化系统综合功能充分发挥作用提供保障。

综合布线系统是建筑物或建筑群内的传输网络，由支持信息电子设备相连的各种缆线、跳线、接插软线和连接器件组成，支持语音、数据、图像、多媒体等多种业务信息的传输。建筑物与建筑群综合布线系统采用开放式的体系、灵活的模块化结构、符合国际工业标准的设计原则，支持众多系统及网络，不仅可获得传输速度及带宽的灵活性，满足信息网络布线在灵活性、开放性等诸多方面的要求，而且可将话音、数据、图像及多媒体设备的布线组合在一套标准的布线系统上，用相同的电缆与配线架、相同的插头与模块化插座传输话音、数据、视频信号，以一套标准配件，综合了建筑及建筑群中多个通信网络，故称之为综合布线系统。随着信息化应用的深入，人们对信息资源的需求越来越多，能够同时提供语音、数据和视频信息传输的综合布线系统得到日益广泛的应用。综合布线系统不仅较好地解决了传统布线方法所存在的诸多问题，而且实现了一些传统布线所没有的功能，其适用场合和服务对象日益增多，从早期的综合办公建筑到公共建筑直到居住小区，目前已成为各类建筑的基础设施。随着数字化技术的应用，综合布线的应用范围也在不断地扩展，支持具有TCP/IP协议的视频安防系统、出入口控制系统、汽车库（场）管理系统、访客对讲系统、智能卡应用系统、建筑设备管理系统、能耗计量及数据远传系统、公共广播系统、信息导引（标识）及发布系统等。

综合布线系统由建筑群子系统、干线子系统、配线子系统（水平布线子系统）、工作区、设备间、管理、进线间七个部分组成，其组成结构如图3-20所示。

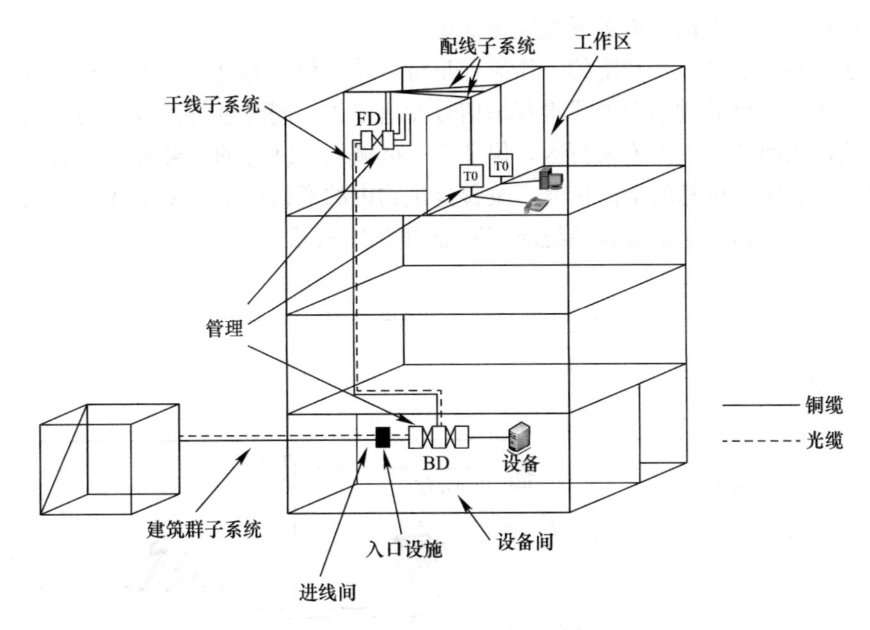

图3-20　综合布线的组成结构图

建筑群子系统由连接多个建筑物之间的主干电缆和光缆、建筑群配线设备（CD）及设备缆线和跳线组成，其功能是将一个建筑物中的通信电缆延伸到建筑群中另外一些建筑物内的通信设备和装置上；干线子系统由设备间至电信间（楼层接线间）的干线电缆和光缆、安装在设备间的建筑物配线设备（BD）及设备缆线和跳线组成，其功能是提供设备间至各楼层接线间的干线电缆路由；配线子系统由工作区的信息插座模块、信息插座模块至电信间配线设备（FD）的配线电缆和光缆、电信间的配线设备及设备缆线和跳线等组成，其作用是将干线子系统线路延伸到用户工作区，并端接在信息插座上；工作区由配线子系统的信息插座模块（TO）延伸到终端设备处的连接缆线及适配器组成；设备间是在每幢建筑物的适当地点进行网络管理和信息交换的场地。对于综合布线系统，设备间主要安装建筑物配线设备BD；管理是指对工作区、电信间、设备间、进线间、布线路径及环境中的配线设备、缆线、信息插座模块等设施按一定的模式进行标识、记录和管理。规模较大的综合布线系统可采用计算机进行管理，简单的综合布线系统一般按图纸资料进行管理；进线间是建筑物外部通信和信息管线的入口部位，并可作为入口设施和建筑群配线设备的安装场地。

3. 移动通信室内信号覆盖系统

随着移动通信的快速发展，移动电话已逐渐成为人民群众日常生活中广泛使用的一种现代化通信工具。而采用钢筋混凝土为骨架和全封闭式外装修方式的现代建筑，对移动电话信号有很强的屏蔽作用。在大型建筑物的地下商场、地下停车场等低层环境，移动通信信号弱，手机无法正常使用，形成了移动通信的盲区和阴影区；在中间楼层，由于来自周围不同基站信号的重叠，产生乒乓效应，手机频繁切换，甚至掉线，影响手机的正常使用；在建筑物的高层，由于受基站天线的高度限制，无法正常覆盖，也是移动通信的盲区。另外，在有些建筑物内，虽然手机能够正常通话，但是用户密度大，话务密集，基站信道拥挤，手机上线困难。为改善建筑物内移动通信环境，解决室内覆盖，提高网络的通信质量，移动通信室内信号覆盖系统应运而生。

移动通信室内信号覆盖系统的工作原理是将基站的信号通过有线的方式直接引入到室内的每一个区域，再通过小型天线将基站信号发送出去，同时也将接收到的室内信号放大后送到基站，从而消除室内覆盖盲区，保证室内区域拥有理想的信号覆盖，为楼内的移动通信用户提供稳定、可靠的室内信号，改善建筑物内的通话质量，从整体上提高移动网络的服务水平。室内移动通信覆盖系统应用图如图 3-21 所示。

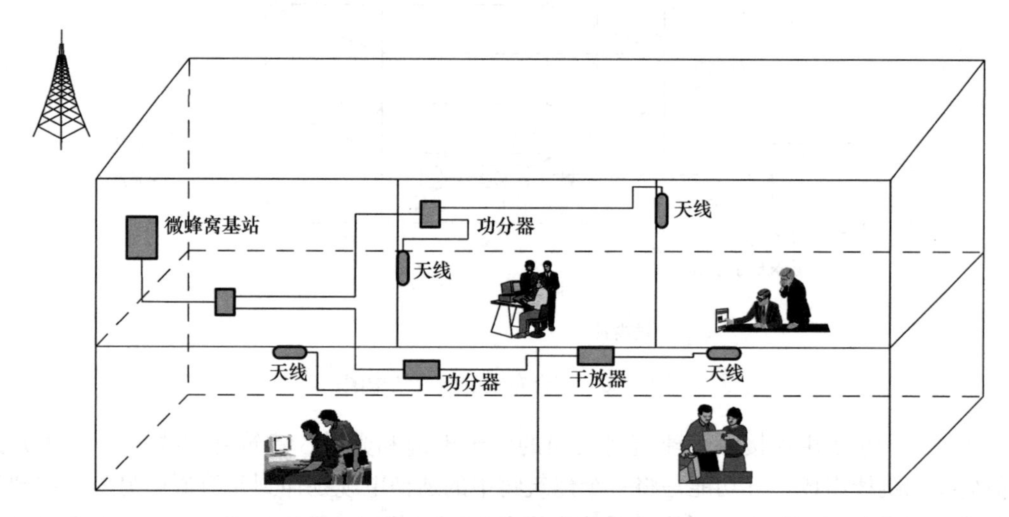

图 3-21　室内移动通信覆盖系统应用图

4. 卫星通信系统

卫星通信是微波中继技术与空间技术相结合而产生的一种通信手段，它利用地球同步卫星上所设的微波转发器（中继站），将设在地球上的若干个终端站（地球站）构成通信网，实现长距离、大容量的区域通信乃至全球通信。卫星通信系统由地球同步卫星和各种卫星地球站组成。卫星起中继作用，转发或发射无线电信号，在两个或多个地球站之间进行通信。地球站是卫星系统与地面公众网的接口，地面用户通过地球站接入卫星系统，形成连接电路。地球站的基本作用是接收来自卫星的微弱微波信号并将其放大成为地面用户可用的信号，另一方面将地面用户传送的信号加以放大，使其具有足够的功率，并将其发射到卫星。卫星通信系统作为信息设施系统之一，通过在建筑物上配置的卫星通信系统天线接收来自卫星的信号，为建筑提供与外部通信的一条链路，使大楼内的通信系统更完善、更全面，满足建筑的使用业务对语音、数据、图像和多媒体等信息通信的需求。

VSAT（Very Small Aperture Terminal）是指具有甚小口径（小于2.5m）天线的智能化小型地球站。VSAT系统由同步通信卫星、枢纽站（主站）和若干个智能化小型地球站组成，其系统结构如图3-22所示。空中的同步通信卫星上装有转发器，在系统中起中继作用。VSAT智能化小型地球站建立地面用户与卫星系统的连接。它一方面接收来自遥远卫星的极其微弱的微波信号，并将其放大成为地面用户可用的合格的信号，另一方面将地面用户需传送的信号加以放大，使其具有足够的功率发射到卫星，保证卫星能收到地面的合格信号。枢纽站配有大型天线和高功率放大器，负责对全网进行监测、管理、控制和维护，并实时监测、诊断各站的工作状况，测试通信质量、负责信道分配、统计、计费等，保证系统正常运行。

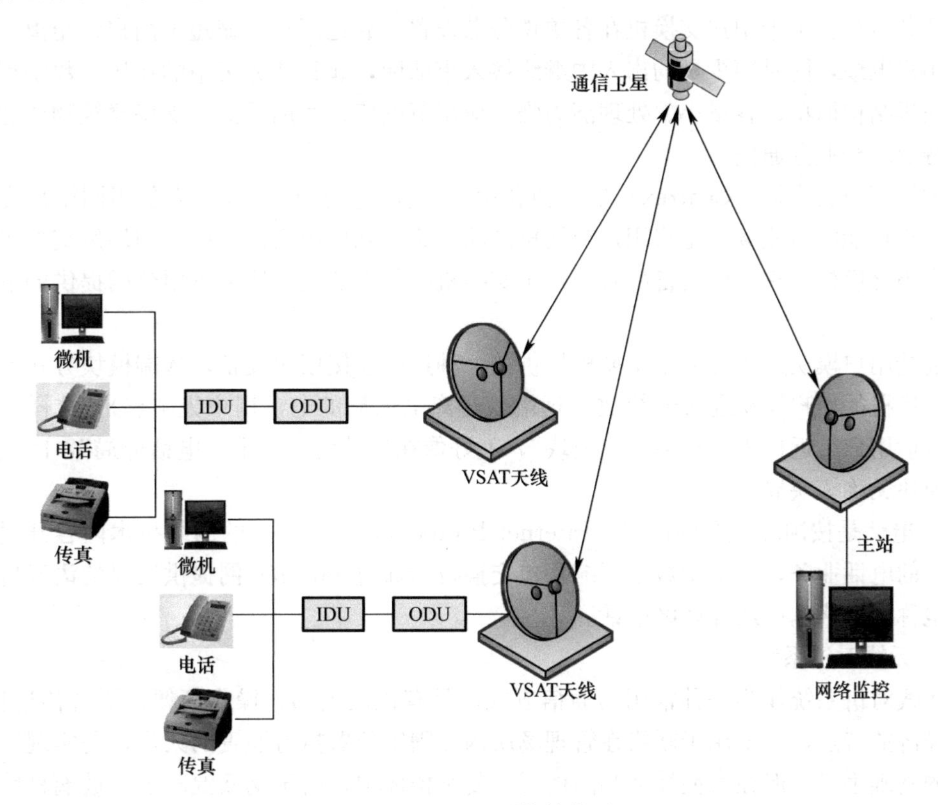

图3-22 VSAT系统结构图

随着Internet的飞速发展，向IP靠拢已成为通信网络发展的趋势。卫星Internet就是以卫星线路为物理传输介质的IP网络系统，即“IP over Satellite”。卫星Internet与普通的Internet相比，具有传输不受陆地电路的影响、经济高效、可作为多信道广播业务平台等一系列优点。

3.3.2 语音基础设施

语音应用支撑设施主要包括用户电话交换系统和无线对讲系统。

1. 用户电话交换系统

在当今信息时代，信息传递的方式日新月异，但在所有的通信方式中，电话通信依然是应用广泛的方式。电话通信达成人们在任意两地之间的通话。一个完整的电话通信系统包括使用者的终端设备（用于语音信号发送和接收的话机）、传输线路及设备（支持语音信号的传输）和电话交换设备（实现各地电话机之间灵活地交换连接），而电话交换设备（电话交换机）是整个电话通信网路中的枢纽。为建筑物内电话通信提供支持的电话交换系统有多种可选的方式，比如设置独立的综合业务数字程控用户交换机系统、采用本地电信业务经营者提供的虚拟交换方式、配置远端模块方式或通过 Internet 提供 IP 电话服务。

程控数字用户交换机 PABX（Private Automatic Branch Exchange）是机关、工矿企业等单位内部进行电话交换的一种专用交换机。它采用计算机程序控制方式完成电话交换任务，主要用于用户交换机内部用户与用户之间，以及内部用户通过用户交换机中继线与外部电话交换网上各用户之间的通信。程控数字用户交换机是市话网的组成部分，是市话交换机的一种补充设备，它为市话网承担了大量的单位内部用户间的话务量，减轻了市话网的话务负荷。由于用户交换机在各单位分散设置，靠近用户，缩短了用户线距离，因而节省用户电缆，同时用少量的出入中继线接入市话网，起到话务集中的作用。数字程控用户交换机结构简单、容量小、处理能力强、应用范围广、使用灵活、支持建筑物或建筑群中语音及综合业务通信。

虚拟用户交换机（Centrex）是一种利用局用程控交换机的资源为公用网用户提供用户交换机功能的新业务，是将用户交换机的功能集中到局用交换机中，用局用交换机来替代用户小交换机，它不仅具备所有用户小交换机的基本功能，还可享用公网提供的电话服务功能。

远端用户模块是程控数字交换机提供的一种远端连接用户设备，远端模块方式是指把程控交换机的用户模块通过光缆放在远端（远离电话局的电话用户集中点），这样可以使许多电话用户就近接入“远端用户模块”，就好像在远端设了一个“电话分局”，因此远端用户模块又称模块局。

IP 电话是按国际互联网协议（Internet Protocol，IP）规定的网络技术内容开通的一种新型的电话业务，它采用数字压缩和包交换技术通过 Internet 网提供实时的语音传输服务，也称为网络电话或互联网电话。

2. 无线对讲系统

无线对讲系统作为一种常用的通信方式，具有机动灵活、操作简便、语音传递快捷，使用经济的特点，主要用于联络在管理场所内非固定位置执行职责的人员，是实现管理现代化的基础手段。但在大型社区和高楼层、复杂楼体中，由于钢筋混凝土、玻璃幕墙对信号的吸收和隔离及电子设备对信号的干扰，往往导致某些区域尤其是地下楼层的信号屏蔽和衰减现象，影响互通效果。因而信息设施系统中的无线对讲系统实际上是无线对讲覆盖系统，其主要功能就是通过覆盖使无线对讲信号在有关空间区域内有效，解决大型建筑物内部的信号盲区，使系统使用者不再受建筑物空间和屏蔽束缚，实现在有效区域内的工作协调和指挥调度需求，不仅给管理工作带来极大的便利，更重要的是可实现高效、即时地处理各种突发事件，最大限度地减少可能造成的损失。

无线对讲系统由中继转发基站、室内分布天线系统及对讲机三大部分组成，其组成结构如图 3-23 所示。中继转发基站起接力通信的作用，天馈分布系统将天线分布在建筑的每个角落，然后通过电缆与基站中心相连，使无线信号通过天线进行接收或发射，以此达到整个建筑内的无线信号覆盖。

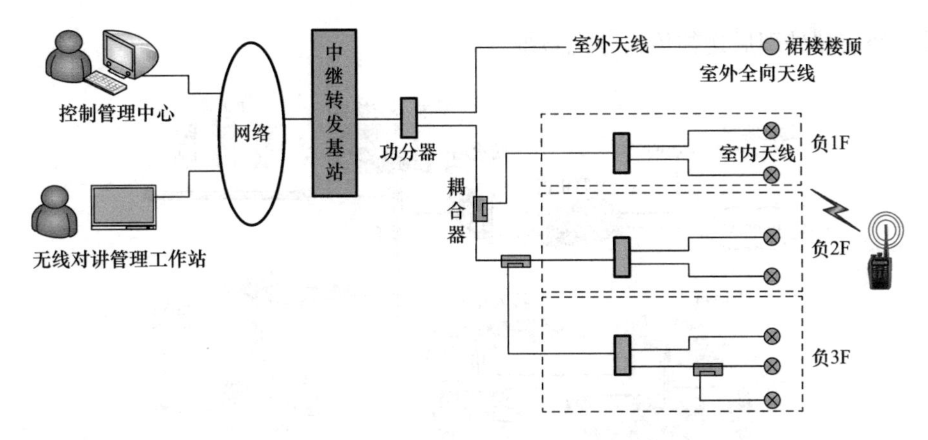

图 3-23　无线对讲覆盖系统的组成结构

3.3.3　数据基础设施

数据应用支撑设施主要是信息网络系统。信息网络系统通过传输介质和网络连接设备将分散在建筑物中具有独立功能、自治的计算机系统连接起来，通过功能完善的网络软件，实现网络信息和资源共享，为用户提供高速、稳定、实用和安全网络环境，实现系统内部的信息交换及系统内部与外部的信息交换。另外，信息网络系统还是实现建筑智能化系统集成的支撑平台，各个智能化系统通过信息网络有机地结合在一起，形成一个相互关联、协调统一的集成系统。

信息网络系统由硬件和软件两部分组成。

网络系统的硬件主要包括网络服务器、客户计算机、通信介质、网络适配器、网络连接设备等。网络服务器为网络提供服务和管理，是网络资源管理和共享的核心；连接到计算机网络上实现网络访问与应用的客户计算机是网络数据主要的发生和使用场所，其上运行的软件使网络用户可以访问一个或多个服务器上的数据和设备；通信介质分为有线介质和无线介质，有线介质包括双绞线和光纤等，无线介质媒体包括红外线、无线电、微波及卫星；网络适配器即网络接口卡或网卡；网络连接设备包括调制解调器、网桥、网关、路由器、交换设备等。

网络软件包括网络通信协议软件、网络操作系统和网络应用系统等。网络通信协议是在通过通信网进行信息或数据交换时，每一个连接在网络中的节点都必须遵守预先约定的一些规则、标准或规范，它规定了计算机信息交换过程中信息的格式和意义；网络操作系统是使网络上的各个计算机能方便有效地共享网络资源，为网络用户提供所需要的各种服务的软件和有关协议的集合。

信息网络的结构示例如图 3-24 所示。

3.3.4　多媒体基础设施

多媒体应用支撑设施主要包括有线电视及卫星电视接收系统、公共广播系统、会议系统、信息导引及发布系统、时钟系统。

1. 有线电视及卫星电视接收系统

建筑物或建筑群中的有线电视系统（Cable Television，CATV）接收来自城市有线电视光节点的光信号，并由光接收机将其转换成射频信号，通过传输分配系统传送给用户。它也可以建立自己独立的前端系统，通过引向天线和卫星天线接收开路电视信号和卫星电视信号，经前端处理后送往传输分配系统。

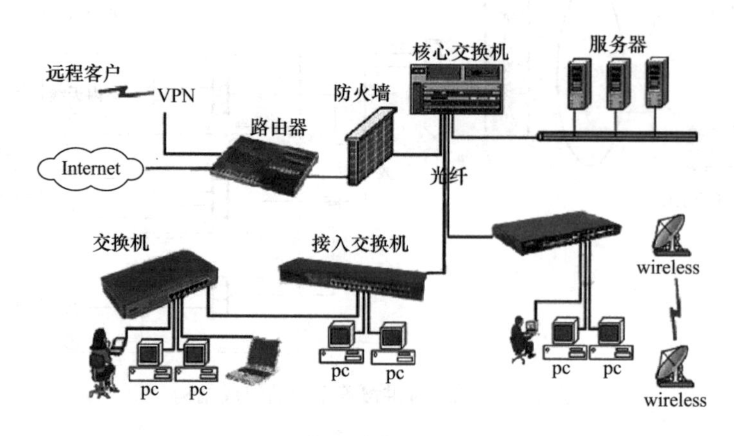

图 3-24　信息网络的结构示例图

有线电视系统由信号源、前端系统、干线传输系统和分配系统四个部分组成，系统组成如图 3-25 所示。其中，信号源为系统提供各种各样的信号，主要有电视台有线电视信号、卫星发射的电视信号以及电视台自办的电视节目等；前端系统对信号源提供的信号进行必要的处理和控制，并输出高质量的信号给干线传输部分；干线传输系统将前端系统接收并处理过的电视信号传送到分配网络，对于双向传输系统还需要把上行信号反馈至前端部分；分配系统的功能是将干线传输来的电视信号通过电缆分配到每个用户，在分配过程中需保证每个用户的信号质量，对于双向电缆电视还需要将上行信号正确地传输到前端。

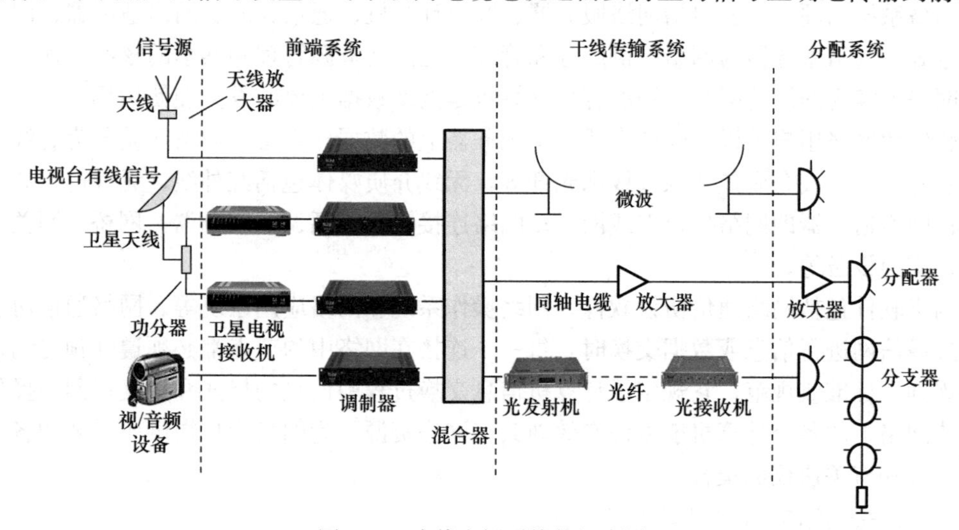

图 3-25　有线电视系统的组成图

传统的模拟电视采用逐级放大的传输方式，容易受噪声干扰，长距离传输图像清晰度下降，色彩失真，此外，模拟电视还具有稳定性差、可靠性低、调整繁杂、不便集成、自动控制困难等缺点。数字有线电视系统将活动图像、声音和数据，通过数字技术进行压缩、编码、传输、存储，实时发送、广播，供观众接收和播放，不仅使用户享受到图像更清晰，内容更丰富，更具专业化、个性化、多样化的有线数字电视综合服务，还为用户提供丰富的服务信息，满足广大人民群众日益增长的文化需求，有线电视数字化、综合化、网络化、智能化是有线电视发展的方向，有线电视网络已演变成具有综合信息传输能力、能够提供多功能服务的宽带交互式多媒体网络。

2. 公共广播系统

公共广播系统（Public Address System，PA）属于扩声音响系统中的一个分支，作为传播信息的一种工具，通常设置在社区、机关、部队、企业、学校、大厦及各种场馆之内，用于发布事务性广播、提供背景音乐以及用于寻呼和强行插入灾害性事故紧急广播等，是城乡及现代都市中各种公共场所不可或缺的组成部分。随着现代信息技术的发展和用户对广播系统功能需求的不断增加，将现代信息技术与广播系统相结合的数字化公共广播系统应运而生。数字广播系统采用音频编解码技术，以网络为媒介，采用全数字化传输，实现广播、计算机网络融合，构造出可应用于网络之上的广播系统，不仅丰富了传统广播的功能，也充分发挥已建设好的网络平台的应用潜力，避免重复架设线路，有网络接口的地方就可以接数字广播终端，真正实现广播、计算机网络的多网合一，这已成为当今广播发展的趋势。IP 网络广播系统的组成如图 3-26 所示，整个系统的传输平台基于 IP 网

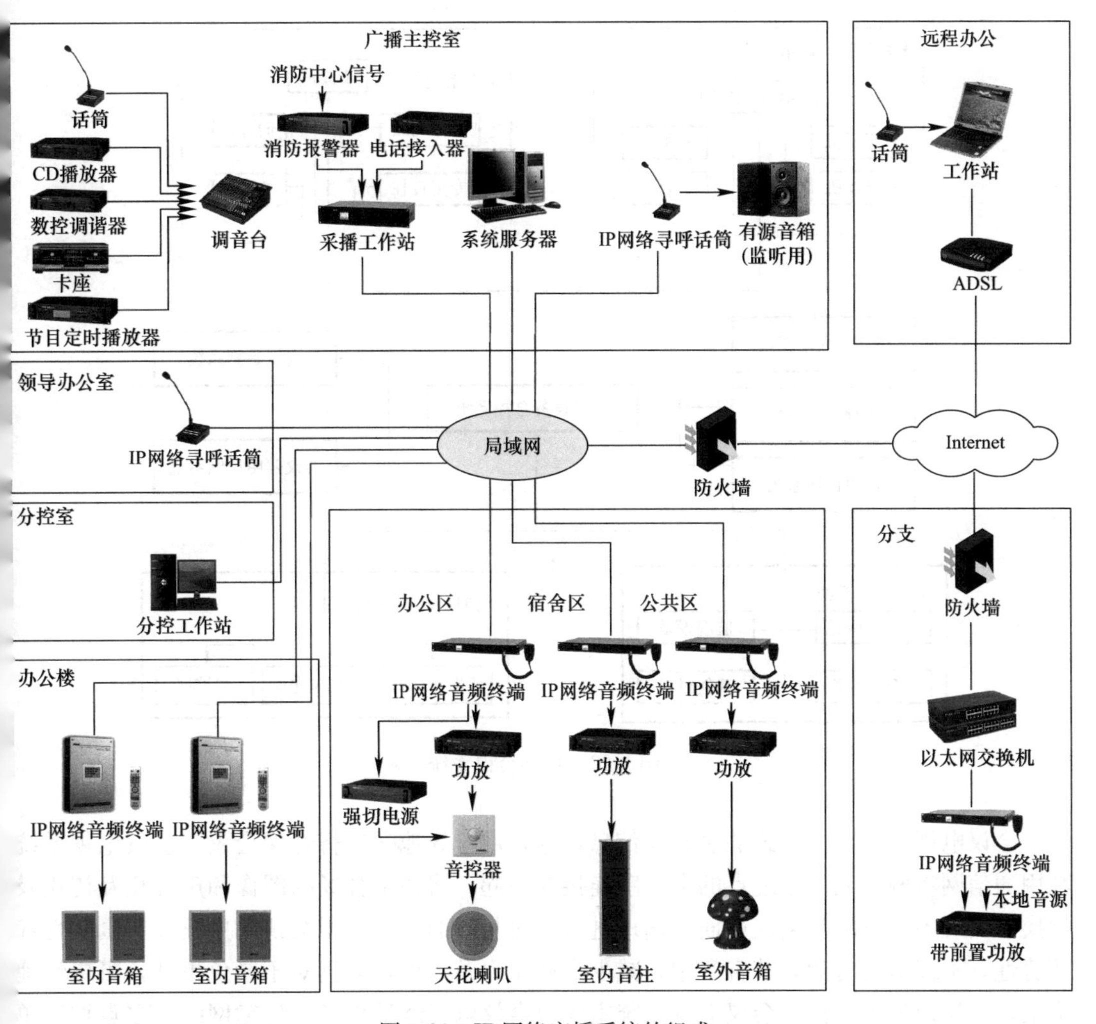

图 3-26　IP 网络广播系统的组成

络，每个网络广播终端都具有独立的 IP 地址，可以单独或任意分组接收服务器的个性化定时播放节目。

3. 会议系统

会议系统采用计算机技术、通信技术、自动控制技术及多媒体技术实现对会议的控制和管理，提高会议效率，目前已广泛用于会议中心、政府机关、企事业单位和宾馆酒店等。会议系统主要包括数字会议系统和会议电视系统。

数字会议系统采用先进的数字音频传输技术，不仅改进了音质，也简化了安装和操作，提高了系统的可靠性。为了适应不同会议层次要求，数字会议系统采用模块化结构，将会议签到、发言、表决、扩声、照明、跟踪摄像、显示、网络接入等子系统根据需求有机地连接成一体，由会议设备总控系统根据会议议程协调各子系统工作，从而实现对各种大型国际会议、学术报告会及远程会议的服务和管理。数字会议系统的组成结构如图 3-27 所示，根据不同层次会议的要求，可以选用其中部分子系统或全部子系统组成适应不同会议层次的会议系统。

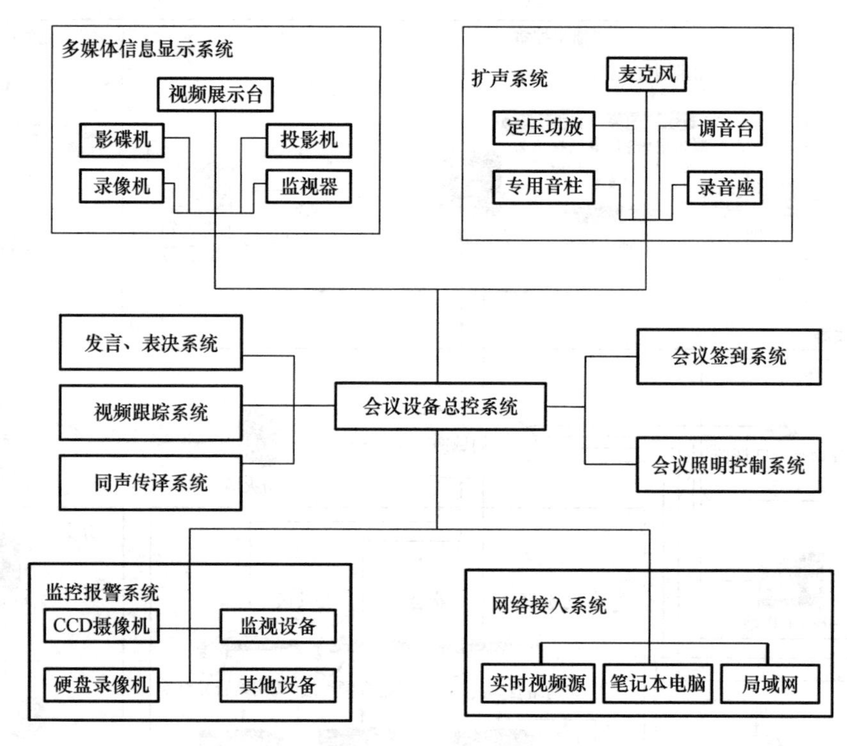

图 3-27　数字会议系统

会议电视是一种交互式的多媒体信息业务，用于异地间进行音像会议。会议电视系统利用通信网将两地或多个地点的会议室连接在一起，将各个会场的图像和声音相互传送及切换，实现各会场的与会人员面对面地进行研讨与磋商，拓展了会议的广泛性、真实性和便捷性，不仅节省时间，节省费用，减少交通压力及污染，而且对于紧急事件，可更快地决策，更快地处理危机。会议电视系统主要由会议电视终端设备、传输网络、多点控制单元 MCU（Multipoint Control Unit）和相应的网络管理软件组成，图 3-28 为典型的会议电视系统结构图。会议电视终端设备主要包括视频输入/输出设备、音频输入/输出设备、视频编解码器、音频编解码器、信息处理设备及多路复用/信号分线设备等，其基本功能是将本地摄像机拍摄的图像信号、麦克风拾取的声音信号数字化后进行压缩、编码，经传输网络传至远方会场，同时，接收远方会场传来的数字信号，经解码后，还原成模拟的图像和声音信号；多点控制单元 MCU 是实现多点会议电视系统不可或缺的设备，其功能是实现多点呼叫和连接，实现视频广播、视频选择、音频混合、数据广播等功能，完成各终端信号的汇接与切换；视频会议的传输可以采用光纤、电缆、微波及卫星等各种信道，采用数字传输方式，数字化后的信号经过压缩编码处理，去掉一些与视觉相关性不大的信息，压缩为低码率信号，经济实用，占用频带窄，应用普遍。

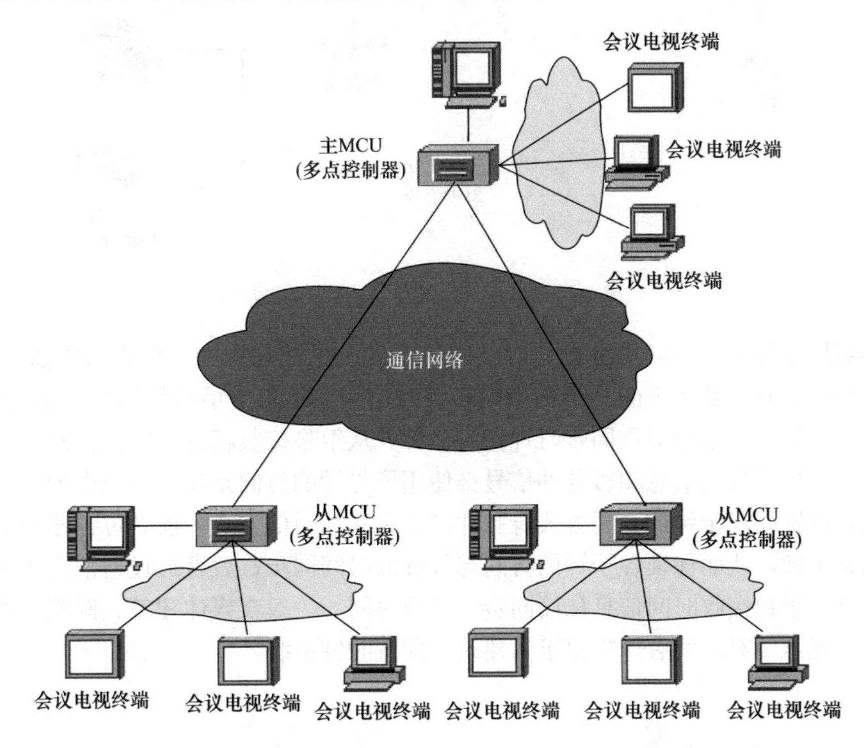

图 3-28　典型的会议电视系统结构图

4. 信息导引及发布系统

信息导引及发布系统通过在建筑内设置的 LED 显示大屏、LCD 显示屏、触摸查询一体机等设备，为公众或来访者提供告知、信息发布和查询等功能，满足人们对信息传播直观、迅速、生动、醒目的要求。信息导引及发布系统由信息采集、信息编辑、信息播控、信息显示和信息导览等部分组成，其组成结构如图 3-29 所示。信息显示和导览的大屏幕和触摸屏一体机通过管理网络连接到信息编辑和播控的服务器和控制器，服务器和控制器对信息采集系统收集的信息进行编辑以及播放控制，通过显示屏和查询机实现建筑内的通知公告、物业相关信息以及有线电视和自办节目等的统一发布、显示和信息查询等功能。

5. 时钟系统

时钟系统是一种能接收外部时间基准信号，并按照要求的时间精度输出时间同步信号和时间信息的系统，它能使网络内其他时钟对准并同步。

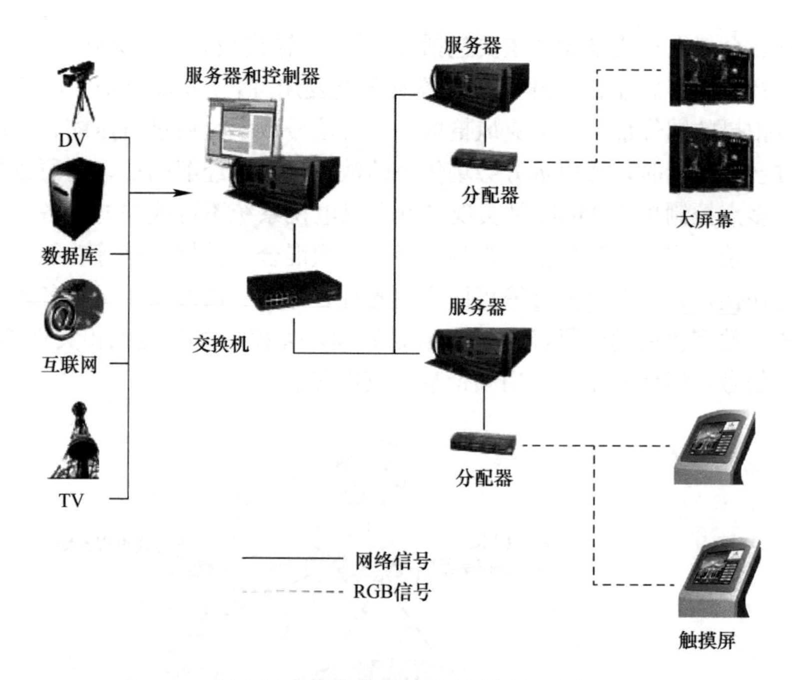

图 3-29 信息导引及发布系统的组成

时钟系统由母钟、时间服务器、时钟网管系统、子钟等构成，组成结构如图 3-30 所示，其作用是为有时基要求的系统提供同步校时信号。随着卫星时间同步技术日趋成熟，目前的时钟系统，都采用卫星同步时钟作为母钟，从卫星接收精确的时间信息，经编码处理后向服务器提供时间信息和秒脉冲信号。使用子母钟的目的是让在系统中的所有时钟的时间一致，母钟同步子钟的主要方式有脉冲同步方式和通信方式，前者母钟输出驱动脉冲直接驱动各子钟，从而保证各子钟的时间与母钟的时间同步；后者通过通信方式由母钟发布时间信息，子钟接收时间信息从而同步子钟的时间。一般在媒体建筑、医院建筑、学校建筑、交通建筑等对时间有严格要求的建筑中配置时钟系统。

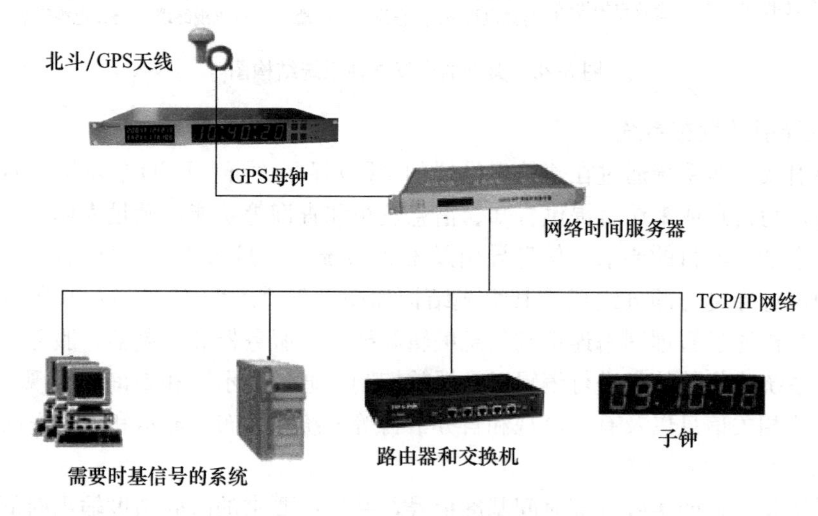

图 3-30 时钟系统组成结构图

3.4 信息化应用系统

信息化应用系统（Information Application System）是以信息设施系统和建筑设备管理系统等智能化系统为基础，为满足建筑物各类专业化业务、规范化运营及管理的需要，由多种类信息设施、操作程序和相关应用设备等组合而成的系统。

信息化应用系统的内容主要包括公共服务系统、智能卡应用系统、物业管理系统、信息设施运行管理系统、信息安全管理系统、通用业务和专业业务系统。其中通用业务系统是为满足建筑基本业务运行而设置。专业业务系统是针对建筑物所承担的具体工作职能与工作性质而设置的，根据建筑物类别的不同，可分为商店建筑信息化应用系统、文化建筑信息化应用系统、体育建筑信息化应用系统、医疗建筑信息化应用系统和教育建筑信息化应用系统等，属于专用业务领域的信息化应用系统。而物业管理系统、信息设施运行管理系统、公共服务系统、智能卡应用系统和信息网络安全管理系统等适用于各种类型的建筑，属于通用型信息化应用系统。

3.4.1 通用型信息化应用系统

1. 物业管理系统

物业是指建成并投入使用的各类房产及其与之配套的设备、设施、场地等。物业管理是运用现代管理科学技术和先进的维护保养技术，以经济手段对物业实施多功能、全方位的统一管理，并为物业的所有人提供高效、周到的服务，使物业发挥最大的使用价值和经济价值。物业管理的基本任务就是对物业进行日常维护、保养和计划修理工作，保证物业功能的正常发挥，另外还提供收费、保安、消防、环境绿化、车辆交通等方面的管理和服务。

物业管理系统采用计算机技术，通过计算机网络、数据库及专业软件对物业实施即时、规范、高效的管理。物业管理系统根据物业管理的业务流程和部门情况，将物业管理业务分为空间管理、固定资产管理、设备管理、器材家具管理、能耗管理、文档管理、保安消防管理、服务监督管理、房屋租赁管理、物业收费管理、环境管理、工作项目管理等不同的功能模块，实现物业管理信息化，提高工作效率和服务水平，使物业管理正规化、程序化和科学化。

2. 公共服务系统

公共服务系统的主要功能包括访客接待管理和公共服务信息发布。访客管理系统通过将访客预约、通知、签入/签出与能快速录入来访人员证件信息、图像信息的访客管理一体机、门禁、智能会议等应用集成，实现访客自动预约、自助签入/签出、智能迎宾、门禁授权及导航、访客统计等多种智能应用。公共服务信息发布系统基于信息设施系统之上，集合各类共用及业务信息的接入、采集、分类和汇总，并建立数据资源库，通过触摸屏查询、大屏幕信息发布、Internet 查询向建筑物内公众提供信息检索、查询、发布和导引等功能。

3. 信息设施运行管理系统

信息设施运行管理系统是对建筑物各类信息设施的运行状态、资源配置、技术性能等相关信息进行监测、分析、处理和维护的管理系统，目的是实现对建筑信息设施的规范化高效管理。信息设施管理系统通过信息基础设施数据库和多种监测器，对各信息设施系统运行进行监控，一旦发现故障或故障隐患，通过语音、数字通信等方式及时通知相关运行维护人员，并且可以根据预先设置程序对故障进行自动恢复，满足对建筑物信息基础设施的信息化高效管理，是支撑各类信息设施应用的有效保障。

4. 智能卡应用系统

智能卡应用系统又称为“一卡通”，即将不同类型的IC卡管理系统连接到一个综合数据库，通过综合性的管理软件，实现统一的IC卡管理功能，从而使得同一张IC卡在各个子系统之间均能使用。智能卡应用系统包括门禁管理子系统、考勤管理子系统、消费管理子系统、巡更管理子系统、停车场管理子系统、电梯控制管理子系统等，应用于出入口管理、停车场管理、电子巡更、电子门锁、宾客资料管理、物业及非现金消费管理、人事考勤和工资管理等，其结构如图3-31所示。

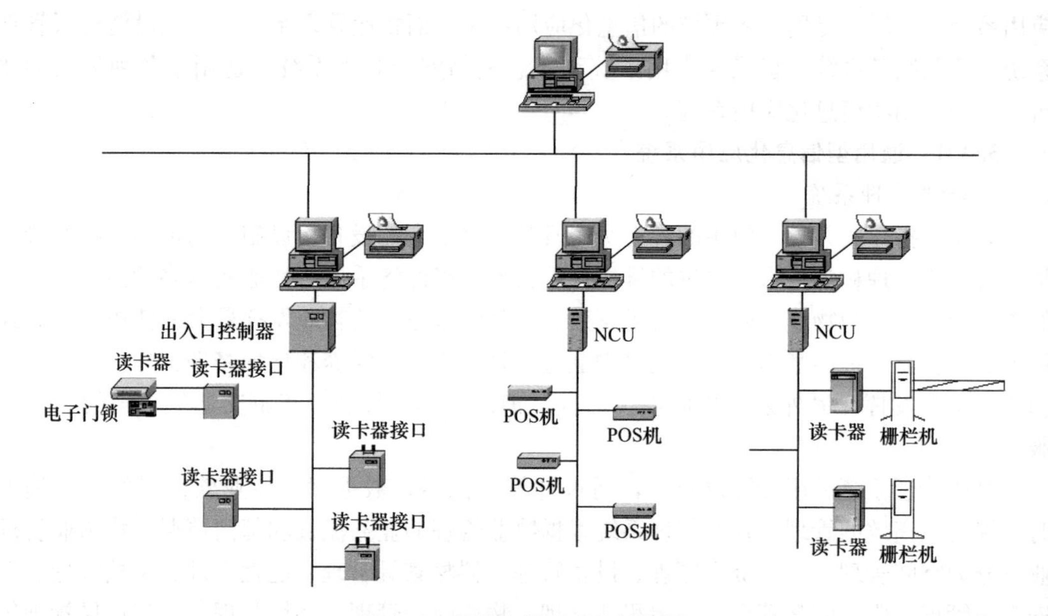

图3-31　智能卡管理系统结构图

5. 信息网络安全管理系统

随着Internet的发展，各个企业、单位、政府部门与机构都在组建和发展自己的网络，并连接到Internet上。网络丰富的信息资源给用户带来了极大的方便，但同时也带来了信息网络安全问题。信息网络安全管理系统通过采用防火墙、加密、虚拟专用网、安全隔离和病毒防治等各种技术和管理措施，使网络系统正常运行，确保经过网络传输和交换的数据不会发生增加、修改、丢失和泄露等。

3.4.2　工作业务信息化应用系统

工作业务信息化应用系统包括通用业务和专业业务系统。通用业务系统是以符合该类建筑主体业务通用运行功能的应用系统，它运行在信息网络上，实现各类基本业务处理办公方式的信息化，具有存储信息、交换信息、加工信息及形成基于信息的科学决策条件等基本功能，并显现该类建筑物普遍具备基础运行条件的功能特征，通常是以满足该类建筑物整体通用性业务条件状况功能的基本业务办公系统。专业业务系统以该类建筑通用业务应用系统为基础（基本业务办公系统），实现该类建筑物的专业业务的运营、服务和符合相关业务管理规定的设计标准等级，叠加配置若干支撑专业业务功能的应用系统。比如按建筑的不同类别，可分为商业建筑信息化应用系统、文化建筑信息化应用系统、体育建筑信息化应用系统、医院建筑信息化应用系统、学校建筑信息化应用系统等。

1. 商业建筑信息化应用系统

商业建筑包括商店建筑和旅馆建筑，其信息化应用系统除了智能卡应用系统、物业管理系统、公共服务系统、信息安全管理等通用的信息化应用系统外，其专业的信息化系统主要有商店经营业务系统和基本旅馆/星级酒店经营管理系统等。

商店经营业务系统将计算机技术引入商店管理，取代繁琐的手工重复劳动，弥补人工控制的商业管理流程中的弊端，提供科学的分析、预测工具和手段，辅助各级管理者和决策者客观、科学地分析市场和经营状况，提高经营管理和决策水平。商店经营业务系统分为商店前台、后台两大部分，前台 POS 销售实现卖场零售管理；后台进行进、销、调、存、盘等综合管理，通过对信息的加工处理来达到对物流、资金流、信息流有效控制和管理，实行科学合理订货、缩短供销链，提高商品的周转率，降低库存，提高资金利用率及工作效率，降低经营成本。商店经营业务系统结构图如图 3-32 所示。

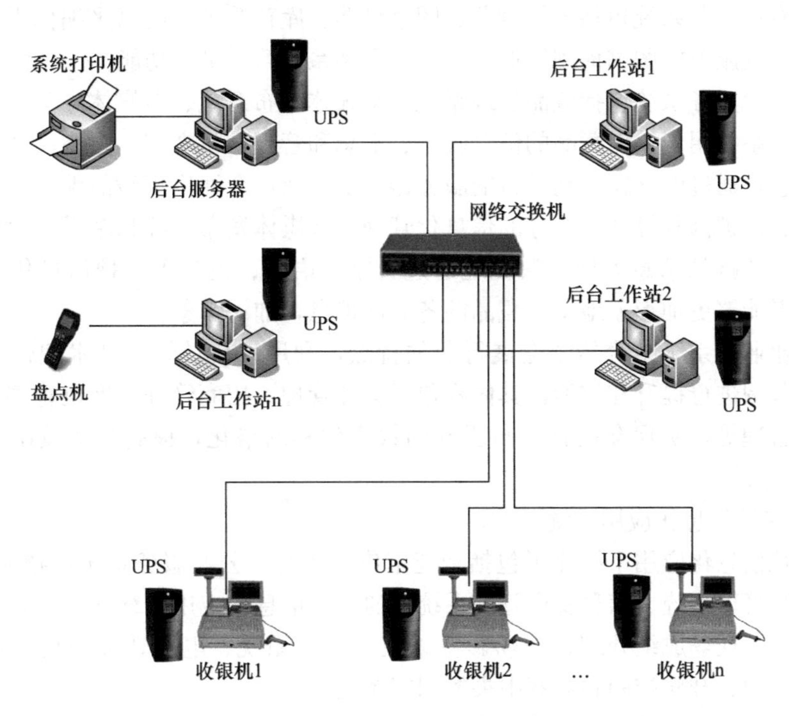

图 3-32 商店经营业务系统结构图

旅馆经营管理系统分为基本旅馆经营管理系统和星级酒店经营管理系统。基本旅馆/星级酒店经营管理系统均是以提高旅馆/星级酒店服务质量和经营效率为目标，通过计算机管理，实现信息与资源的共享，提供统计管理资料，辅助规划与决策，为旅馆/星级酒店提供现代化的管理方式。旅馆/星级酒店管理系统包括前台系统、后台系统、IC 卡电子门锁系统和一卡通消费管理系统等。前台系统提供完整的应用程序，用以规划、管理及监督酒店环境的各种数据资料，内容包括营销预订、总台登记、总台收银、客房管理、总台问询、餐饮管理、电话计费、商务中心、夜间审计查账、业务报表等。系统保留大量统计数据，用于分析与研究客房收入及住客率报告。酒店的财务系统通常称之为后台系统，该系统具有记录、核算和审计所有客房账目的功能，它自动运行完整的财务管理程序，包括日常分类账，应付账款，财务报表，支票填写，银行账目持平，预算以及管理所需的各类报告书。酒店电子门锁系统具有级别控制、时间控制、区域控制、更换密码、开锁记录、实时监控等功能。一卡通消费管理系统实施对整个智能门锁系统的管理，并可通过 POS 系统由销售点将房客应付费用转记到该客房账上。星级酒店经营管理系统与基本旅馆经营管理系统的区别在于采用国际通用的先进酒店管理模式，按国家星级酒店标准化业务流式设计，管理流程更符合国际规范。

2. 文化建筑信息化应用系统

文化建筑从广义上包括图书馆、博物馆、会展中心、档案馆等。文化建筑的信息化应用系统除了包括智能卡应用系统、公共服务系统、物业管理系统、信息设施运行管理系统、信息安全管理系统等通用的信息化应用系统外，其专业的信息化应用系统即专业业务系统因建筑的类别而异。

图书馆专业业务系统包括电子浏览、图书订购、库存管理、图书采编标引、声像影视制作、图书咨询服务、图书借阅注册、财务管理和系统管理员等功能。

博物馆专业业务系统包括藏品管理系统、多媒体发布系统、多媒体导览系统等，其中藏品信息管理系统用于馆内藏品的信息收集、汇总和管理，将文字、图像、视频等多维角度的藏品信息，通过电脑输入到后台的服务器系统里面，全面实现藏品编目、研究、多媒体信息采集、保护修复等基本业务的信息化管理。多媒体发布系统和多媒体导览系统可将博物馆内所有的藏品信息方便、快捷地通过文字、语音、视频等多种信息化方式展现出来，让参观者能够更加形象地了解藏品的各方面信息，加深印象。

会展专业业务系统结合传统会展行业的特点，利用现代计算机技术把传统的服务内容、能力和范围进行提升和扩展，其内容包括会务管理、招商管理、展位管理、网上互动展览、资源管理等，实现会展管理与服务的数字化和网络化，提高管理效率和科学决策水平。

3. 体育建筑信息化应用系统

体育建筑信息化应用系统除了包括智能卡应用系统、公共服务系统、物业管理系统、信息设施运行管理系统、信息安全管理系统等通用的信息化应用系统外，其专业业务系统包括计时记分、现场成绩处理、现场影像采集及回放系统、电视转播和现场评论、售验票、主计时时钟、升旗控制和竞赛中央控制等系统。

计时记分与现场成绩处理系统作为采集、处理、显示比赛成绩及赛事中计时的系统，担负着所有比赛成绩的采集和处理的任务，是场馆进行体育比赛最基本的技术支持系统，也是体育赛事智能化应用系统中很重要的一部分。计时记分系统是成绩处理系统的前沿采集系统，现场成绩处理系统是在计时记分系统采集信息的基础上对相关比赛成绩做进一步的处理，进行奖牌情况、破纪录情况等的统计，将成绩传送至赛事综合管理系统的成绩管理子系统、现场成绩显示牌或现场电视转播系统，同时向相关部门提供所需的竞赛信息。计时记分与现场成绩处理系统结构图如图 3-33 所示。

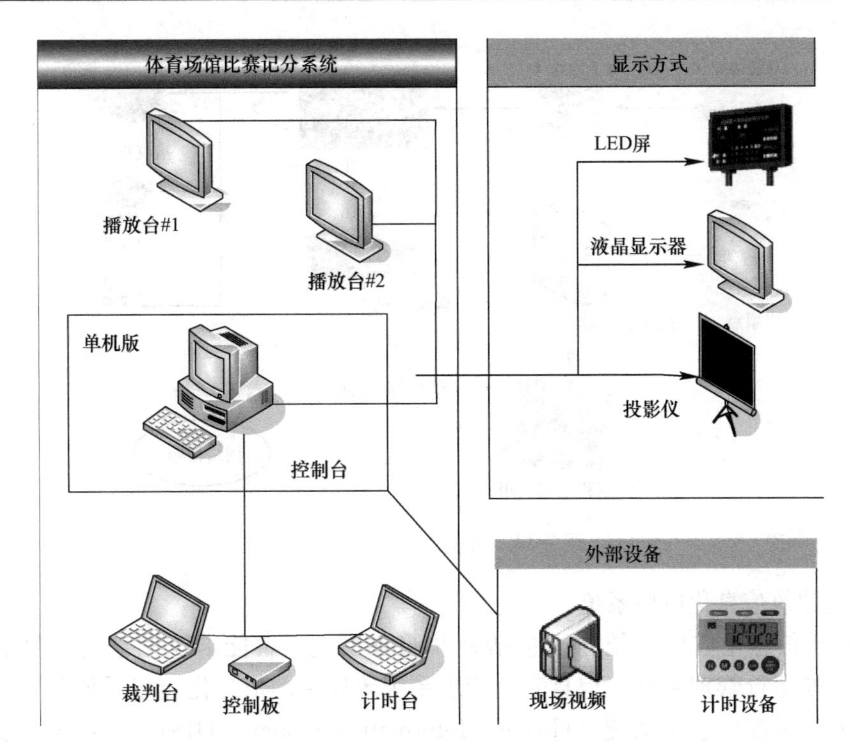

图 3-33　计时记分与现场成绩处理系统结构图

现场录像采集及回放系统为裁判员、运动员和教练员提供即点即播的体育比赛录像与相关的视频信息，已经成为技术仲裁、训练和比赛技术分析等工作不可缺少的技术手段和工具，它既可用于当比赛发生争议时，为仲裁提供声像资料，又可为大屏显示提供影像信号，为场馆比赛资料的保存提供素材。

电视转播和现场评论系统是将各摄像机位的摄像信号、现场评论员席的电视信号送至停于场外的电视转播车，进行编辑后，送到转播机房向上级电视台转发，也可直接在本地电视台中播出。现场评论席是广播电视媒体用于评论赛事的重要位置，通常位于场馆内最佳座席区域，能够方便地全面观察比赛进程，并配有各种接口。

售验票系统通过 Internet 门户网站、定点售票窗口、场馆现场售票窗口实现电子售票，票务管理软件将售票信息即时提供给数据库，检票系统通过数据库完成门票的认证，并实施出入管理功能，图 3-34 为售验票系统应用示例。

体育场馆主计时时钟系统给体育馆内重要区域提供一个统一的、标准的全场时间，保证系统母钟、子钟时间同步时钟显示，并具有世界标准时间自动校正的功能。

国旗升降系统由电动升旗滑轮系统、现场同步控制器、后台控制系统组成。升旗控制系统满足场馆升旗时，场地所奏国歌的时间和国旗上升到顶部的时间同步，并具有手自动转换功能，保证在自动控制系统出现故障时，可以通过手动控制升旗。

竞赛中央控制系统由用户界面、中央控制主机、各类控制接口、受控设备组成，具有对体育场馆内的声、光、电等各种设备进行集中控制的功能，管理人员只需要坐在触摸屏前，便可以直观地操作整个系统，包括系统开关、各设备开关、灯光明暗度调节、信号切换、信号源的播放和停止、各种组合模式的进入和切换、音量调节等。

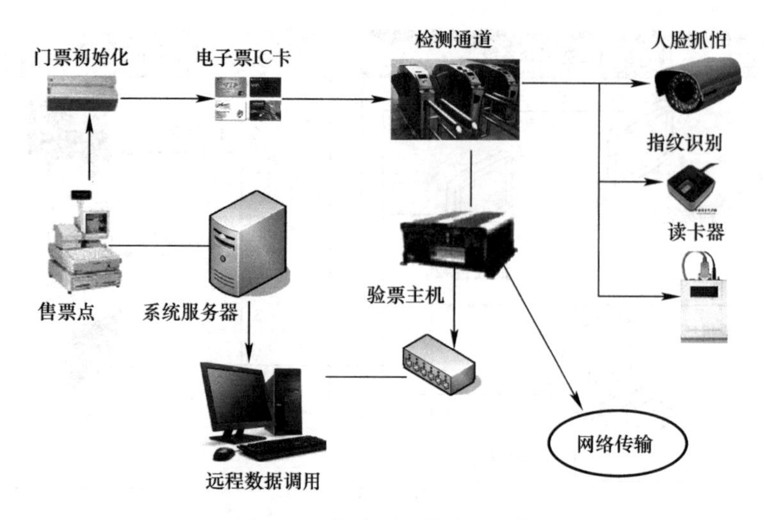

图 3-34　售验票系统应用示例

4. 医院建筑信息化应用系统

医院建筑信息化应用系统除了包括公共服务系统、智能卡应用系统、物业管理系统、信息设施运行管理系统、信息安全管理系统等通用的信息化应用系统外，其专业业务系统主要为医院信息化系统（Hospital Information System，HIS）。该系统以支持各类医院建筑的医疗、服务、经营管理以及业务决策为目的，由医院管理系统（Hospital Management Information System，HMIS）和临床信息系统（Clinical Information System，CIS）组成。医院管理系统主要包括财务管理系统、行政办公系统、人事管理系统等非临床功能子系统，目的是提高管理工作效率和辅助财务核算。临床信息系统是医院信息系统中非常重要的一个部分，它以病人信息的采集、存储、展现、处理为中心，以医患信息为主要内容来处理整个医院的信息流程，主要包括电子病历系统（Computer-Based Patient Record，CPR）、医学影像存储与传输管理系统（Picture Archiving and Communication System，PACS）、检验放射信息系统（Radiology Information System，RIS）、实验室信息系统（Lab Information System，LIS）等。电子病历 CPR 采用信息技术将文本、图像、声音结合起来，含有医史记录，当前药物治疗、化验检查、影像检查等多种媒体形式的医疗信息，具有传送速度快、共享性好、存储方便、便于管理等优点。检验放射信息系统 RIS 的主要功能有病人登记、预约检查时间、病人跟踪、胶片跟踪、诊断编码、教学和管理信息等。医学影像存储与传输管理系统 PACS 专门为图像管理而设计，包括图像存档、检索、传送、显示处理和拷贝或打印的硬件和软件系统，目的是提供一个更为便捷的图像检查、存档和检索工具，目前已成为无胶片的同义词。医院信息系统应用图例见图 3-35。

另外建立病人与护士之间呼叫联系的医护对讲系统，为病人提供及时、有效的救护和服务；为患者看病及医院工作人员管理带来方便的挂号排队系统、取药叫号系统、候诊排队系统，解决各种排队、拥挤和混乱等现象，同时也能对患者流量情况及每个医院职工的工作状况做出各种统计，为管理层进一步决策提供依据。门诊排队系统结构图如图 3-36 所示。

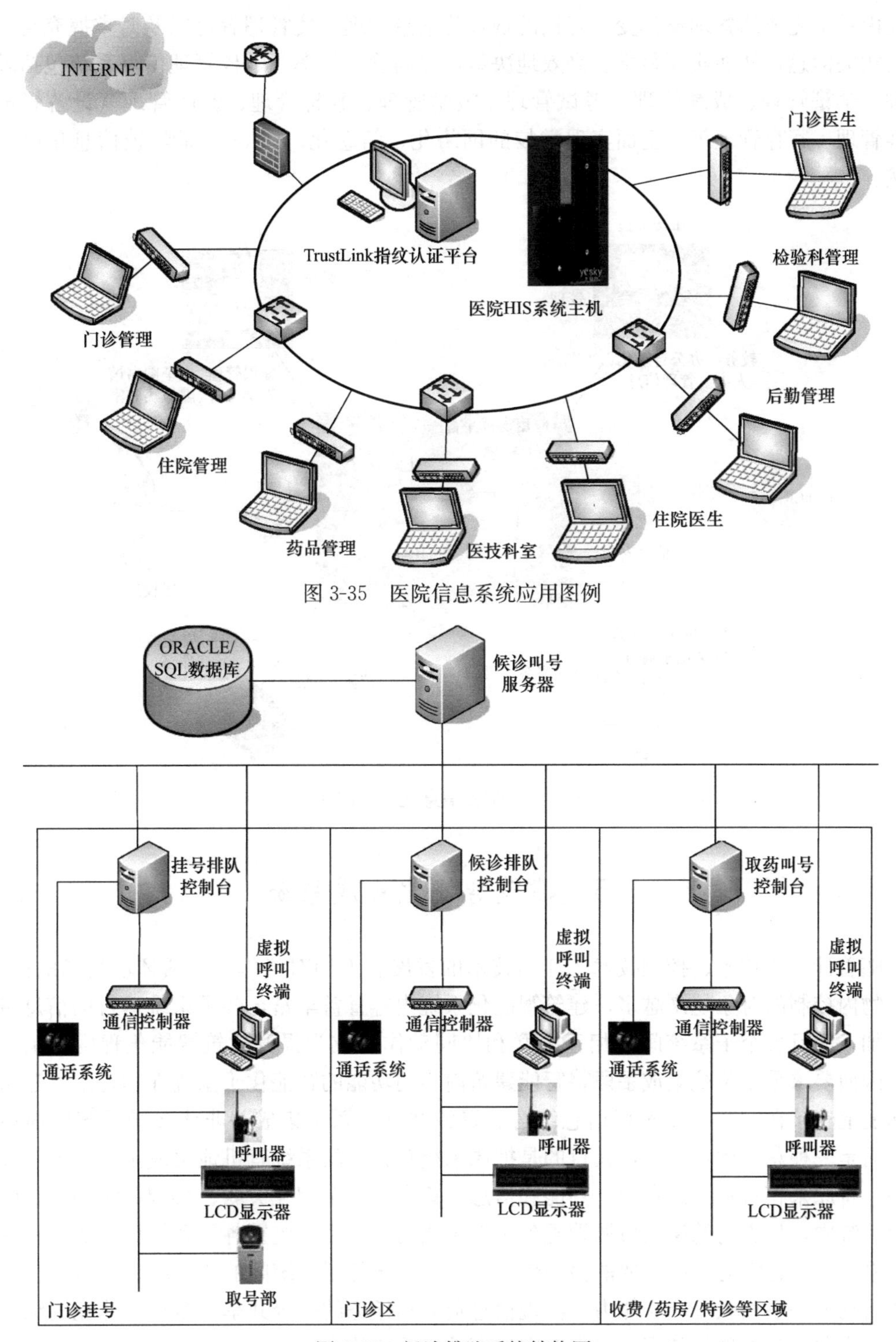

图 3-35　医院信息系统应用图例

图 3-36　门诊排队系统结构图

5. 学校建筑信息化应用系统

学校建筑信息化应用系统除了通用的公共服务系统、校园智能卡应用系统、校园物业管理系统、校园网安全管理系统外，其专业业务系统主要为学校管理信息系统。该系统将原先由手工完成的繁琐操作变为轻松的现代化信息管理，使管理者可以及时掌握充足、准确的相关信息，从而实现科学、高效地决策，提高管理效率。学校管理信息系统包括教师管理、学籍管理、成绩管理、考试管理、教学管理、教材管理、资产管理（设备管理）、访客管理、寄存管理等，全面实现学校的网络化、信息化。图 3-37 是学校信息化应用的图例。

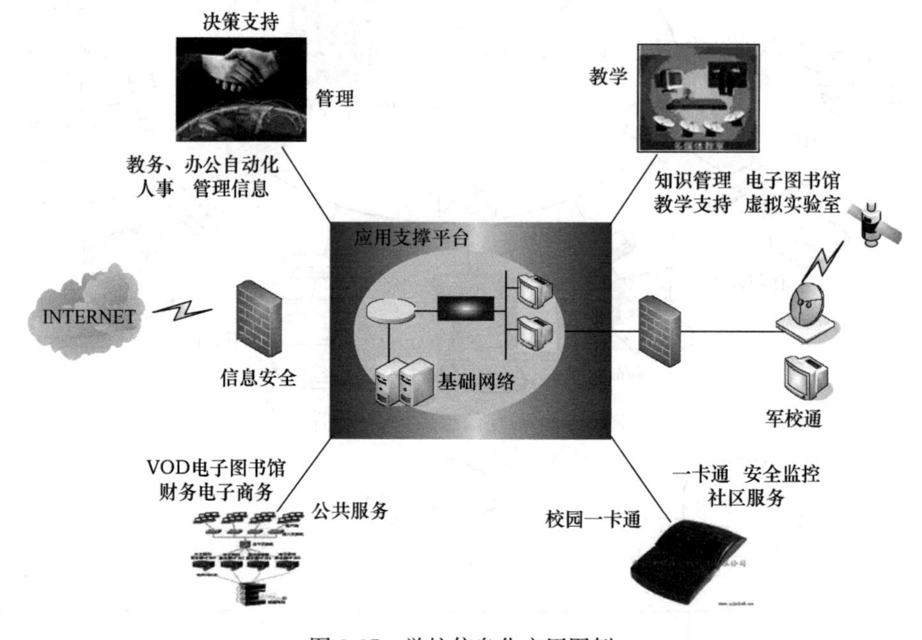

图 3-37 学校信息化应用图例

3.5 建筑智能化集成系统

随着计算机技术、控制技术、通信技术的发展和人们对工作、生活环境需求的提高，建筑物内控制的对象越来越多，建筑智能化系统内容日益丰富，各子系统运行的信息量大大增加，而且各个子系统间的相互关联和协同动作已成为提升建筑智能化程度的重要因素，因而要求采用系统集成手段将智能建筑内不同功能的智能化子系统在物理上、逻辑上和功能上连接在一起，以实现信息综合、资源共享。系统集成并非诸多子系统的简单堆叠，而是一种总体优化设计，其目的是把原来相互独立的系统有机地集成至一个统一环境之中，将原来相对独立的资源、功能和信息等集合到一个相互关联、协调和统一的智能化集成系统中，从更高的层次协调管理各子系统之间的关系，监视各子系统设备的运行状况和关系到大楼正常运行的重要的报警信息，提供基于各子系统间的相关联动和智能化系统整体行动的一系列联合响应能力，实现信息资源和任务的综合共享与全局一体化的综合管理，提高服务和管理的效率，提高对突发事件的响应能力。

3.5.1 智能化集成系统的结构及内容

智能化集成系统通过统一的信息平台将不同功能的建筑智能化系统集成，实现集中监视和综合管理的功能，其系统结构及集成的内容如图 3-38 所示。

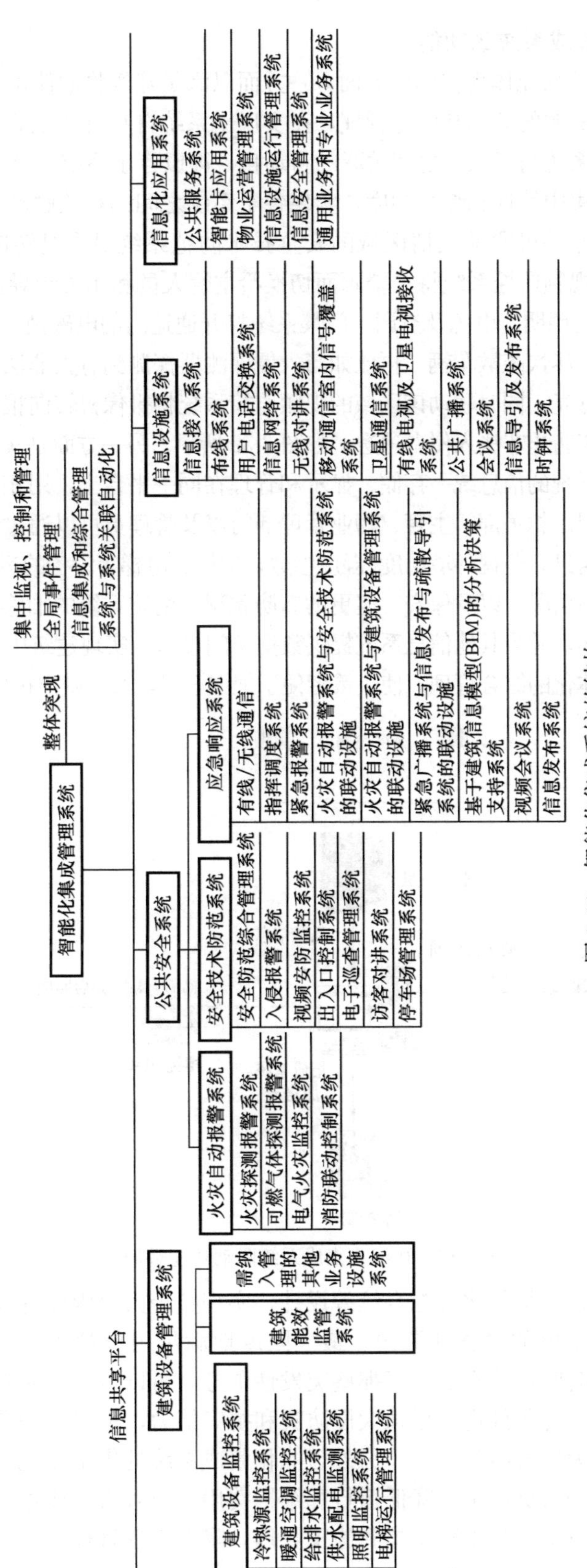

图 3-38　智能化集成系统的结构

3.5.2 智能化集成系统的功能

智能化集成系统的功能体现在两个方面，一方面以满足建筑物的使用功能为目标，确保对各类系统监控信息资源的共享和优化管理，在实现子系统自身自动化的基础上，优化各子系统的运行，实现子系统与子系统之间关联的自动化，即以各子系统的状态参数为基础，通过智能化集成系统的集中管理和综合调度，实现各子系统之间的相关联动。比如当大楼火灾探测器探测到火灾信号，可联动火情区域的安全技术防范系统摄像机转向报警区域进行确认，如若火情确认，视频监控系统将火警画面切换给主管人员和相关领导，同时建筑设备监控系统关闭相关区域的照明、电源及空调，门禁系统打开通道门的电磁锁，保证人群疏散，停车场系统打开栅栏机，尽快疏散车辆。再比如当入侵探测器探测到有人非法闯入时，可联动该区域的照明系统打开灯光，同时联动该区域的视频监控系统将摄像机转向报警区域，并记录现场情况，联动门禁系统防止非法入侵者逃逸，如图 3-39 所示。另一方面是实现对各子系统集中监视和管理，将各子系统的信息统一存储、显示和管理在同一平台上，用相同的环境，相同的软件界面进行集中监视。相关部门主管、物业管理部门以及管理员可以通过计算机生动、方便的人机界面浏览各种信息，监视环境温度/湿度参数，空调、电梯等设备的运行状态，大楼的用电、用水、通风和照明情况，以及保安、巡更的布防状况，消防系统的烟感、温感的状态，停车场系统的车位数量等，并为其他信息系统提供数据访问接口，实现建筑中的信息资源和任务的综合共享与全局一体化的综合管理，使决策者便于把握全局，及时做出正确的判断和决策。

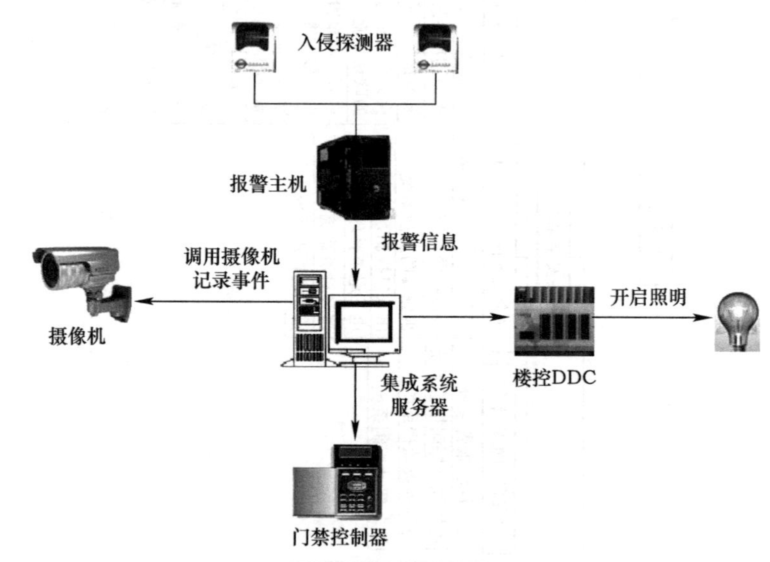

图 3-39 智能化集成系统联动功能举例

智能化集成系统采用最优化的综合统筹设计，实现整个大厦内硬件设备和软件资源的充分共享，利用最低限度的设备和资源，最大限度地满足用户对功能上的要求，节约投资，加快服务的响应时间，特别是对于那些突发性事务，可以迅速及时响应并采取综合周密的措施进而做到妥善优化处理，增强大厦防灾和抗灾能力，更好保护业主及大厦用户人身及财产安全，提高大厦智能化水平。另外智能化集成系统的集中监视与管理功能减少操作管理人员和设备维修人员数量，降低运行和维护费用，节省人工成本，提高管理和服务的效率，并有利于建筑智能化工程实施和施工管理，降低工程管理费用，为建筑的使用者与投资者带来经济效益和社会效益。

第4章　本专业知识体系与课程体系

依据《高等教育法》对高等学历教育的学业标准，本科教育应当使学生比较系统地掌握本学科、专业必需的基础理论、基本知识，掌握本专业必要的基本技能、方法和相关知识，具有从事本专业实际工作和研究工作的初步能力。专业知识体系即是由该专业必需的基础理论知识、专业技术知识、相关及拓宽知识等构成的整体知识结构，是该专业所需知识的汇集，并通过知识之间的关联建立起内在的有机联系。课程体系是基于专业知识体系建立的具有内在逻辑联系和一定组织形式的一系列课程的汇集，是实现知识体系教学的载体。本章介绍建筑电气与智能化专业的知识体系与课程体系，目的是使学生了解学习本专业需要掌握哪些知识和为什么要掌握这些知识，需要学习哪些课程、这些课程之间是什么关系，以及为什么要学习这些课程和如何学好这些课程。

4.1　本专业知识体系

4.1.1　本专业知识体系的组成

本科专业人才培养是以专业培养目标为导向的有计划、有组织的系统工程，专业知识体系以及由知识体系建立的课程体系即是以专业培养目标为导向有计划、有组织的系统工程的内容。

根据《高等学校建筑电气与智能化本科指导性专业规范》，建筑电气与智能化专业的培养目标是培养适应社会主义现代化建设需要，德、智、体全面发展，素质、能力、知识协调统一，掌握本专业的基础理论和专业知识及技术，基础扎实、知识面宽、综合素质高、实践能力强、有创新意识、能够从事工业与民用建筑电气及智能化技术相关的工程设计、工程建设与管理、系统集成、信息处理等工作，并具有建筑电气与智能化技术应用研究和开发的初步能力的建筑电气与智能化专业高级工程技术人才。而专业培养目标的实现必须由德、智、体等方面的培养规格及其对素质、能力及知识结构的要求来支撑，这些规格和要求是构建专业知识体系以及由知识体系建立的课程体系的基础。

根据《高等学校建筑电气与智能化本科指导性专业规范》对培养规格的要求，建筑电气与智能化专业毕业生应具有扎实的自然科学基础知识、较好的管理科学、人文社会科学知识和外语应用能力；具有较宽广领域的工程技术基础和较扎实的专业知识及其应用能力；在知识、能力和素质诸方面协调发展，体现出人才培养的宽口径、复合型、创新型和应用型。素质是一个人在社会生活中思想与行为的具体表现，是人才培养的基础，素质结构包括思想道德素质、文化素质、专业素质和身心素质；专业知识是人才培养的载体，科学合理的知识结构使学生成为可以从事本专业领域或相关领域工作的专业人才；能力是人才培养的核心，能力体系包括获取知识的能力、应用知识的能力和创新能力，其本质是使学生能够运用所学知识分析和解决实际问题。

由建筑电气与智能化专业培养目标、培养规格及其对素质、知识、能力的要求可以看出，建筑电气与智能化专业的知识体系不仅应包括专业知识，还应该包括体现素质教育和能力培养的通识知识。因为知识、能力、素质相互联系、相互影响，学习知识是重要的基础，但知识有待于转化为能力，而素质为知识和能力导引方向。体现素质教育和能力培养的通识知识包括人文社会科学基础知识、自然科学知识、工具性知识等。因而建筑电气与智能化专业知识体系包括人文社会科学知识、自然科学知识、工具性知识和专业知识四个部分，建筑电气与智能化专业知识体系总体框架如图 4-1 所示。

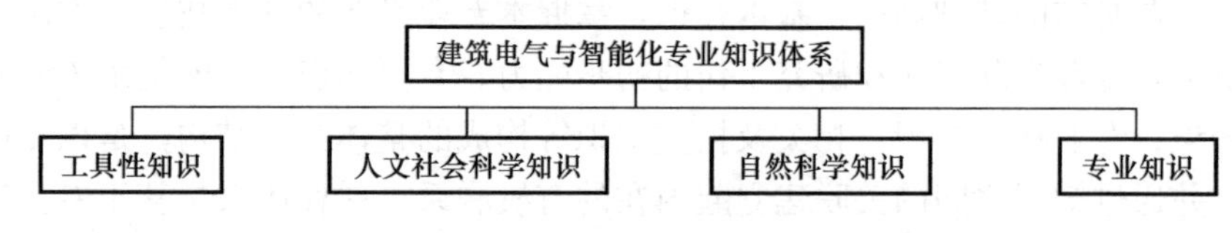

图 4-1　建筑电气与智能化专业知识体系总体框架

人文社会科学知识涉及的知识领域十分广泛，包括涉及树立科学的世界观、培养高尚的道德情操和良好的身体和心理素质、增强法制观念等方面的政治、历史、哲学、法学、社会学、经济学、管理学、心理学、体育、军事等知识领域，目的是培养具有历史使命感和社会责任感，综合素质全面的人才。

自然科学知识涉及的领域包括数学、物理等。数学是研究现实世界中的数量关系和空间形式的科学，是学习和研究现代科学技术必不可少的基本工具。数学在高等教育中不仅具有工具性学科的基础作用，而且在培养学生严谨的态度、锻炼逻辑思维能力等方面也发挥着重要的作用。物理学是研究物质世界最基本的结构、最普遍的相互作用、最一般的运动规律及所使用的实验手段和思维方法的一门学科，是自然科学的基础性学科，培养学生科学的思维方法和研究问题、解决问题的能力。

工具性知识主要涉及的知识领域是外国语。在经济全球化的背景下，我国与世界各国之间的政治、经济、文化、技术等交流合作日益频繁，对于当代大学生来说，应具备用外语进行技术交流和阅读专业外文文献的能力，以掌握自己所在的专业领域的最新动态。

专业知识是知识体系中重要的内容，是知识结构中“专业”属性的体现，包括本专业的专业基础知识和专业知识。由于建筑电气与智能化专业是一个多学科交叉专业，所以其专业基础知识和专业知识涉及的知识领域十分广泛，专业知识领域是专业知识体系的重要内容，所以在专业知识体系中专门讲授。

4.1.2　本专业的专业知识体系

专业知识体系是专业知识结构的主要组成部分，是实现人才培养目标、达到人才培养规格的重要基础。体系是指一定范围内或同类的事物按照一定的秩序和内部联系组合而成的整体，建筑电气与智能化专业知识体系即是由本专业相关知识领域的专业基础知识和专业技术知识有序组成的有机整体。

专业知识体系的构成方法有阶梯构成法和分级构成法。阶梯构成法是按基础知识、专业基础知识、专业知识及相关性知识组成知识体系，表述出学习进程。分级构成法是将知识体系分为知识领域（Area）、知识单元（Unit）和知识点（Topic）三个层次，最高层由若干个与本专业密切相关的学科知识领域构成，用于组织、分类和描述知识体系的概貌；中间层由每个知识领域下若干个代表该知识领域不同方向或方面的知识单元构成，知识单元分为核心知识单元和选修知识单元，核心知识单元是本专业知识体系的最小集合，是对本专业的最基本要求，选修知识单元是指不在核心知识单元内的那些知识单元；最下层是由每个知识单元下若干个代表该知识单元中相对独立的知识模块即知识点构成，知识点是对专业知识要求的基本单元和基本载体，对知识点的要求用“掌握”、“熟悉”、“了解”来表达。在这种方法中，专业的知识体系如同大树，知识领域如同树干，知识单元如同树枝，知识点如同树叶，表述出知识体系的系统结构和内容要求。建筑电气与智能化专业的知识体系将两者有机结合，知识体系的系统结构及内容要求按分级构成法，但知识体系所涉及的知识领域之间的关联以及课程体系结构按阶梯构成法，而课程的知识构成及要求是按分级构成的知识体系的内容，保证核心课程实现对全部核心知识单元的完全覆盖。

按照分级构成法构筑建筑电气与智能化专业的知识体系，首先要分析其所涉及的知识领域及其内在的有机联系，通过知识之间的关联，按照从基础知识到专业知识，从核心知识到外围知识的层次有组织地建立起知识结构。本专业的目标是培养具有工程设计和技术开发与应用能力的建筑电气与智能化专业人才，其核心知识领域是建筑电气工程和建筑智能化工程；由于建筑电气工程和建筑智能化工程的平台是建筑，其应用面向的对象是建筑设备，因而其外围知识领域包括土木工程、建筑设备和体现建筑可持续发展的建筑节能技术；由于是工程类专业，工程技术基础是其基础知识领域之一；通过前面三章对建筑电气及智能化专业及建筑电气与智能化系统工程内容的介绍，可以看出该专业基础知识领域不仅包括一般电类专业主要的基础知识“电路理论与电子技术”，而且还涉及为建筑智慧能力提供支持的“检测与控制”、“计算机应用技术”、“网络与通信”、“电气传动与控制”等知识领域；另外作为一个专业，还应具有作为学科基础的知识领域，该知识领域既要体现本学科特点又要体现本学科与其他学科界限，此即本专业核心的专业基础领域——建筑智能环境学，建筑智能环境学也是本专业非常重要的核心专业基础课程。因而建筑电气和智能化专业知识体系涉及 12 个知识领域：建筑电气工程、建筑智能化工程、建筑节能技术、土木工程、建筑设备、工程技术基础、电路理论与电子技术、检测与控制、计算机应用技术、网络与通信、电气传动与控制和建筑智能环境学。建筑电气和智能化专业知识体系中的知识领域及其层次结构如图 4-2 所示。

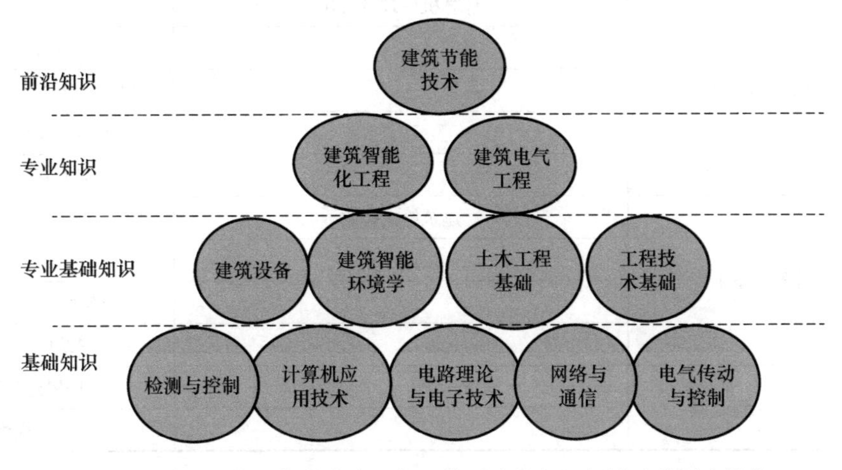

图 4-2　建筑电气和智能化专业知识体系中的知识领域及其层次结构

由图 4-2 可以看出，建筑电气与智能化专业知识体系涉及的 12 个知识领域之间的关联按阶梯构成法分为基础知识、专业基础知识、专业知识、前沿知识四层。基础知识领域从厚基础、宽口径出发，使学生具有深厚的电气信息大类专业的理论基础，不仅为学习本专业知识奠定基础，也为继续深造或在电气信息大类跨专业发展奠定坚实基础；专业基础知识领域为专业知识领域提供相应的专业基础理论和方法（建筑智能环境学）及专业相关的基础知识（土木工程基础知识、建筑设备知识以及工程技术基础知识等）；而专业知识领域主要是建筑电气与智能化技术的专业知识，培养学生具备本专业技术工作和管理工作的基本能力；前沿知识领域是让学生了解本专业科技发展趋势。

建筑电气与智能化专业知识体系的系统结构及内容要求是按分级构成法，由知识领域、知识单元和知识点三个层次组成。以上 12 个知识领域包含的核心知识单元及选修知识单元如表 4-1 所示。

建筑电气与智能化专业知识领域和知识单元 表 4-1

序号	知识领域	核心知识单元	选修知识单元
1	电路理论与电子技术	电路理论	
		模拟电子技术	
		数字电子技术	
2	电气传动与控制		电机与拖动基础
			电力电子技术
		电气控制技术	
3	检测与控制		信号与系统
		自动控制原理	
			检测技术与过程控制
4	网络与通信		通信原理概论
		计算机网络与通信	
		控制网络与协议	
5	计算机应用技术	计算机原理及应用	
			计算机控制技术
			程序设计语言（C 语言）
			面向对象程序设计
			数据库基础与应用
6	建筑设备工程	建筑给水排水	
		暖通空调	
			热水与燃气供应
			建筑电气基础
7	土木工程基础		房屋建筑学
			土木工程概论

续表

序号	知识领域	核心知识单元	选修知识单元
8	建筑智能环境学	建筑环境基础知识	
		建筑智能环境与建筑智能环境学	
		建筑智能环境要素	
		建筑智能环境的理论基础	
		建筑环境评价要素	
		控制理论的基础原理及方法	
		建筑智能环境的控制原理及方法	
		信息理论的基本原理及方法	
		建筑智能环境的信息原理及方法	
		系统理论的基本原理及系统工程方法	
		建筑智能环境系统要素	
		建筑智能环境的系统原理及方法	
9	建筑电气工程	建筑供配电系统	
		建筑照明系统	
		电气安全	
			建筑电气工程设计
			电梯控制技术
10	建筑智能化工程	建筑设备管理系统	
		建筑公共安全系统	
		建筑物信息设施系统	
			信息化应用系统
		建筑智能化系统集成技术	
			住宅小区智能化系统
11	工程技术基础	工程制图	
			工程力学与机械基础
			工程经济与管理
			建筑电气安装与预算
			建筑规划与设计节能技术
			建筑施工节能技术
12	建筑节能技术	暖通空调节能技术	
		建筑电气节能技术	
		建筑智能化节能技术	
		绿色/生态建筑节能与环保技术	

4.2　本专业课程体系

4.2.1　课程体系结构

课程体系是实现知识体系教学的基本载体，是人才培养的关键。根据建筑电气与智能化专业特点和人才的培养目标，建筑电气与智能化本科指导性专业规范推荐的课程体系结构如图 4-3 所示。该课程体系主要由人文社科课、公共基础课、专业基础课、专业课以及实践环节五个模块组成，充分体现基础厚、专业口径宽、专业特色鲜明，注重强电与弱电结合、软件与硬件结合、电气工程与控制工程结合、电气自动化与建筑智能化技术结合，注重基础知识、加强实践环节、突出智能建筑技术特色、反映时代发展需求。

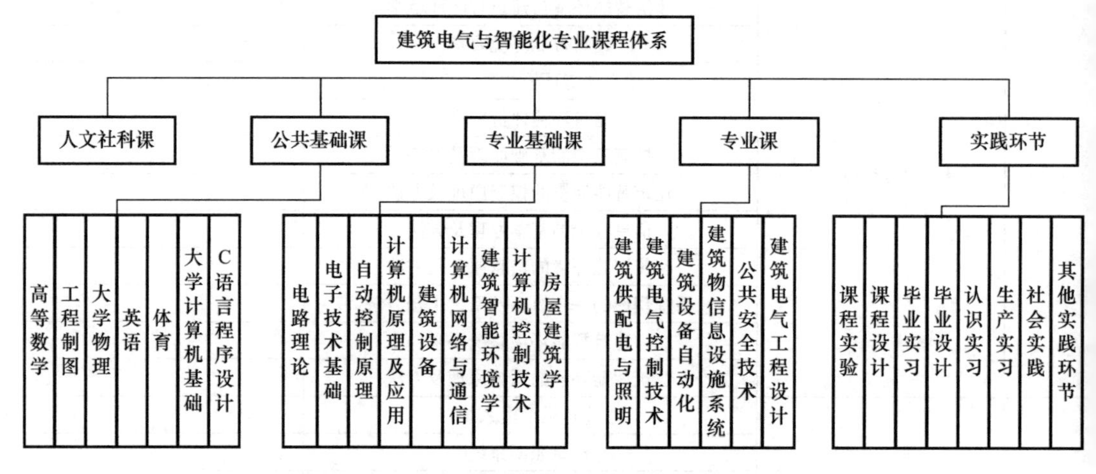

图 4-3 建筑电气与智能化专业课程体系结构图

（1）人文社科课

人文社会科学课包括人文科学和社会科学两部分。人文科学，主要研究人的观念、精神、情感和价值，即人的主观精神世界及其所积淀下来的精神文化；社会科学则是以人类社会为研究对象的科学，除了自然世界外，还要研究社会世界。内容涉及政治学、军事学、法学、教育学、史学、哲学、社会学、体育等知识领域。课程设置的目的是培养学生科学高尚的道德情操、良好的身体和心理素质。

（2）公共基础课

高等数学、大学物理等是理工科专业类极其重要的大学公共基础课，是专业基础以及专业课的先修课程，牢固掌握其基本理论知识和基本技能将为后续专业基础课和专业课的学习打下良好的基础，并为进一步学习提供方法论，为掌握专业知识、学习科学技术、发展有关能力奠定坚实的基础。高等数学作为一门重要的公共基础课，培养学生运用数学去分析、解决实际问题的能力，这种能力不仅是学好专业基础课和专业课的重要基础，也是一种思想方法，学习高等数学的过程就是思维训练的过程。人类社会的进步，尤其是信息时代使得高等数学的应用领域更加拓宽，是科技发展的强大动力，广泛地应用在各学科专业领域。大学物理是培养和提高学生的科学素养、发展学生的科学思维方法和科学研究能力的重要基础课，学好物理学知识，不仅为后继的专业基础课、专业课打好基础，更重要的是物理学的研究方法和思想方法对发展学生的思维能力，尤其是逻辑思维能力有独到的作用，可以引导学生对生活中最基本的现象进行分析、理解、判断、提高其科学素质和能力（发现和提出问题的能力，分析和解决问题的能力，创新思维的能力等），为今后的发展奠定基础。

（3）专业基础课

专业基础课是指与本专业知识、技能直接联系的基础课程，为专业课学习奠定必要基础，是学生掌握专业知识技能必修的重要课程。本专业的专业基础课不仅包括电路理论、电子技术基础、自动控制原理、计算机原理与应用等电类专业的专业基础课程，还设置了体现本专业特色、也是本专业非常重要的核心专业基础课程——建筑智能环境学和体现与建筑学科交叉的建筑设备、房屋建筑学等课程，使学生系统地掌握本专业领域的基础理论知识，为学习专业课奠定良好的专业基础。

（4）专业课

专业课主要是指与专业联系紧密、针对性强的课程。专业课的任务是使学生掌握必要的专业基本理论、专业知识和专业技能，了解本专业的前沿科学技术和发展趋势，培养学生分析解决本专业范围内实际问题的能力。专业课主要包括：建筑供配电与照明、建筑电气控制技术、建筑设备自动化系统、建筑物信息设施系统、公共安全技术等。专业课学习培养学生具备从事建筑电气与智能化工程设计、产品开发、系统集成、施工管理、技术经济分析、测试和调试的基本能力。

（5）实践环节

实践环节是巩固理论知识和加深对理论认识的有效途径，是培养具有创新意识高素质工程技术人员的重要环节，是理论联系实际、培养学生掌握科学方法和提高动手能力的重要平台，在人才培养中起着十分关键的作用。

4.2.2 课程体系对毕业能力的支撑作用

由4.1中专业知识体系可知本专业的培养目标是：培养德、智、体全面发展，基础扎实、知识面宽、综合素质高、实践能力强、能够从事工业与民用建筑电气及智能化技术相关的工程设计、工程建设与管理、系统集成、信息处理等工作，并具有建筑电气与智能化技术应用研究和开发的初步能力的高级工程技术人才。根据本专业人才培养目标和《土木类教学质量国家标准（建筑电气与智能化专业）》，依据《中国工程教育认证协会工程教育认证标准》对工程教育的十二条毕业要求，结合高等学校建筑电气与智能化学科专业指导委员会编制的建筑电气与智能化本科指导性专业规范推荐的课程体系，归纳出课程体系对毕业能力要求的支撑对应关系矩阵见表4-2。

4.2.3 核心课程

核心课程分为专业基础核心课程和专业核心课程两部分。核心课程关系流程图如图4-4所示。

公共基础课为专业基础课（包括专业基础核心课和非核心课）和专业课（包括专业核心课和非核心课）服务，专业基础课程（包括专业基础核心课和非核心课）为专业课（包括专业核心课和非核心课）服务，是专业课程的重要基础。因此要充分地认识公共基础课、专业基础课和专业课之间的阶梯关系，层层打好基础。只有学好公共基础课，才能学好专业基础课，只有学好专业基础课才能学好专业课，真正具有专业知识和能力。

由图4-4可见，课程设置采用递进式课程设置模式。将本科四年划分为3个阶段：奠定基础阶段（1～3学期）、积累成长阶段（4～5学期）、能力强化阶段（6～8学期）。

奠定基础阶段：主要培养学生掌握基础知识，提高学生的思想道德水平，为专业基础课和专业课学习打好基础。主要课程：高等数学、大学物理、线性代数等。

积累成长阶段：加强学生专业基础知识学习，为专业课学习提供支持，培养学生在系统分析、系统设计等方面的能力。主要的核心课程包括：电路理论、电子技术基础、自动控制原理、计算机原理及应用、计算机网络与通信、建筑智能环境学、建筑设备等。

课程体系对毕业要求的支撑对应关系矩阵 表 4-2

毕业要求 课程名称	工程知识：掌握数学、自然科学、工程基础和专业知识，能够运用理论和方法解决建筑电气及智能化工程的复杂问题	问题分析：能够应用数学、自然科学和工程科学的基本原理，识别、表达、并通过文献研究分析建筑电气及智能化工程复杂的问题，以获得有效结论	设计/开发解决方案：能够针对建筑电气和智能化工程系统的复杂工程问题，提出解决方案，设计满足特定需求的系统，并能够在设计环节中体现创新意识，综合考虑社会、健康、安全、法律、文化以及环境等因素	研究：能够基于科学原理并采用科学方法对建筑电气及智能化系统的复杂工程问题进行研究，包括设计实验、分析与解释数据、通过信息综合得到合理有效的结论	使用现代工具：能够针对建筑电气及智能化系统复杂工程问题，开发、选择与使用恰当的技术、资源、现代工程工具和信息技术工具，包括对复杂工程问题的预测与模拟，并能够理解其局限性	工程与社会：能够基于建筑电气及智能化工程相关背景知识进行合理分析，评价专业工程实践和复杂工程问题解决方案对社会、健康、安全、法律以及文化的影响，并理解应承担的责任	环境和可持续发展：能够理解和评价在建筑电气及智能化工程问题的工程实践对环境、社会可持续发展的影响	职业规范：具有人文社会科学素养、社会责任感，能够在工程实践中理解并遵守工程职业道德和规范，履行责任	个人和团队：能够在多学科背景下的团队中承担个体、团队成员以及负责人的角色	沟通：能够就建筑电气及智能化系统的复杂工程问题与业界同行及社会公众进行有效沟通和交流，并具备一定的国际视野，能够在跨文化背景下进行沟通和交流	项目管理：理解并掌握工程管理原理与经济决策方法，并能在多学科环境中应用	终身学习：具有自主学习和终身学习的意识，有不断学习和适应发展的能力
高等数学 1	H	H	M	H	H						L	L
线性代数 1	H	H	L	M	M							L
大学物理	H	H	M	M	L							L
人文社科课			M			M	L	H	M	M	L	M
外语		L	L	M	M				L	H	M	M
电路理论	H	M	H	M	M							L
模拟电子技术基础	H	M	H	M	L							L
数字电子技术基础	H	M	H	M	L							L
自动控制原理	H	H	H	M	M							L
计算机原理及应用	H	M	M	M	M							
建筑设备	H	L	M	M	L							
计算机网络与通信	H	M	M	L	M							

续表

毕业要求 / 课程名称	工程知识：掌握数学、自然科学、工程基础和专业知识，能够运用理论和方法解决建筑电气及智能化工程的复杂问题	问题分析：能够应用数学、自然科学和工程科学的基本原理，识别、表达、并通过文献研究分析建筑电气及智能化工程复杂的问题，以获得有效结论	设计/开发解决方案：能够针对建筑电气和智能化工程系统的复杂工程问题，提出解决方案，设计满足特定需求的系统，并能够在设计环节中体现创新意识，综合考虑社会、健康、安全、法律、文化以及环境等因素	研究：能够基于科学原理并采用科学方法对建筑电气及智能化系统的复杂工程问题进行研究，包括设计实验、分析与解释数据、通过信息综合得到合理有效的结论	使用现代工具：能够针对建筑电气及智能化系统复杂工程问题，开发、选择与使用恰当的技术、资源、现代工程工具和信息技术工具，包括对复杂工程问题的预测与模拟，并能够理解其局限性	工程与社会：能够基于建筑电气及智能化工程相关背景知识进行合理分析，评价专业工程实践和复杂工程问题解决方案对社会、健康、安全、法律以及文化的影响，并理解应承担的责任	环境和可持续发展：能够理解和评价在建筑电气及智能化工程问题的工程实践对环境、社会可持续发展的影响	职业规范：具有人文社会科学素养、社会责任感，能够在工程实践中理解并遵守工程职业道德和规范，履行责任	个人和团队：能够在多学科背景下的团队中承担个体、团队成员以及负责人的角色	沟通：能够就建筑电气及智能化系统的复杂工程问题与业界同行及社会公众进行有效沟通和交流，并具备一定的国际视野，能够在跨文化背景下进行沟通和交流	项目管理：理解并掌握工程管理原理与经济决策方法，并能在多学科环境中应用	终身学习：具有自主学习和终身学习的意识，有不断学习和适应发展的能力
智能建筑环境学	H	H	H	H	H	M	H					L
计算机控制技术	H	M	H	H	M		M					M
建筑供配电与照明	H	M	H	M	M	M	M	M	L	M	L	L
建筑设备自动化	H	M	H	M	M	M	M	M	L	M	L	L
建筑物信息设施系统	H	M	H	M	L	M	L	M	L	M	L	L
公共安全技术	H	M	H	M	M	M	L	M	L	M	L	L
建筑电气控制技术	H	M	H	M	M	L	L	L	L	L	L	L
建筑供配电与照明课程设计	H	M	H	M	L	L	L	L	L	L		L

续表

毕业要求 / 课程名称	工程知识：掌握数学、自然科学、工程基础和专业知识，能够运用理论和方法解决建筑电气及智能化工程的复杂问题	问题分析：能够应用数学、自然科学和工程科学的基本原理，识别、表达、并通过文献研究分析建筑电气及智能化工程复杂的问题，以获得有效结论	设计/开发解决方案：能够针对建筑电气和智能化工程系统的复杂工程问题，提出解决方案，设计满足特定需求的系统，并能够在设计环节中体现创新意识，综合考虑社会、健康、安全、法律、文化以及环境等因素	研究：能够基于科学原理并采用科学方法对建筑电气及智能化系统的复杂工程问题进行研究，包括设计实验、分析与解释数据、通过信息综合得到合理有效的结论	使用现代工具：能够针对建筑电气及智能化系统复杂工程问题，开发、选择与使用恰当的技术、资源、现代工程工具和信息技术工具，包括对复杂工程问题的预测与模拟，并能够理解其局限性	工程与社会：能够基于建筑电气及智能化工程相关背景知识进行合理分析，评价专业工程实践和复杂工程问题解决方案对社会、健康、安全、法律以及文化的影响，并理解应承担的责任	环境和可持续发展：能够理解和评价在建筑电气及智能化工程问题的工程实践对环境、社会可持续发展的影响	职业规范：具有人文社会科学素养、社会责任感，能够在工程实践中理解并遵守工程职业道德和规范，履行责任	个人和团队：能够在多学科背景下的团队中承担个体、团队成员以及负责人的角色	沟通：能够就建筑电气及智能化系统的复杂工程问题与业界同行及社会公众进行有效沟通和交流，并具备一定的国际视野，能够在跨文化背景下进行沟通和交流	项目管理：理解并掌握工程管理原理与经济决策方法，并能在多学科环境中应用	终身学习：具有自主学习和终身学习的意识，有不断学习和适应发展的能力
建筑电气控制技术课程设计	H	M	H	M	L	L	L	L	L	L		L
建筑设备自动化课程设计	H	M	H	M	L	L	L	L	L	L		L
建筑物信息设施系统课程设计	H	M	H	M	L	L	L	L	L	L		L
公共安全技术课程设计	H	M	H	M	L	L	L	L	L	L		L
认识实习	L	L	L	L	L	L	L	L	M	L	L	L
生产实习	M	M	M	M	M	L	L	L	M	L	L	L
毕业实习	M	H	H	M	L	L	L	L	M	H	L	L
毕业设计	H	H	H	H	H	M	M	M	H	M	M	M

注：H：很强；M：强；L：较强

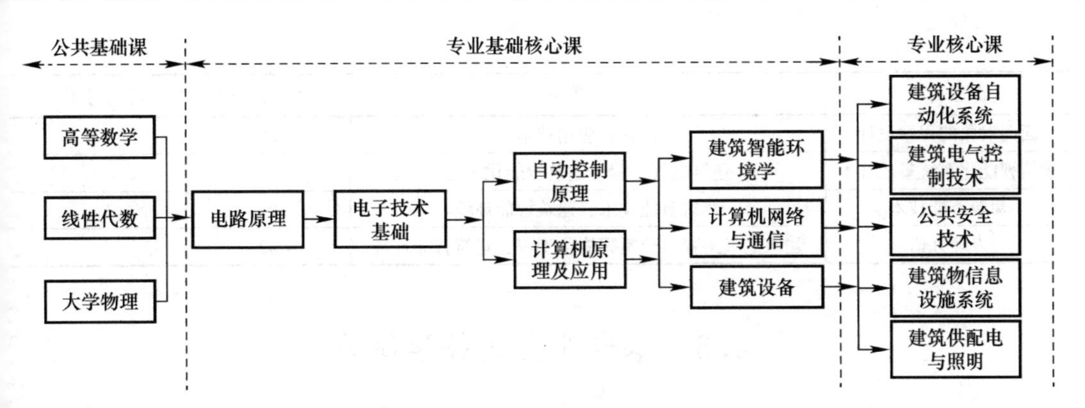

图 4-4　核心课程关系流程图

能力强化阶段：通过专业课学习、就业实习、毕业设计等，加强学生专业知识和对专业知识的综合理解和运用能力培养。主要的核心课程包括：建筑供配电与照明、建筑电气控制技术、建筑设备自动化、公共安全技术、建筑物信息设施系统等。

4.2.4　选修课

选修课可根据各校实际情况选择，高等学校建筑电气与智能化学科专业指导委员会编制的建筑电气与智能化本科指导性专业规范推荐选修课程见表 4-3。选修课不同于专业必修的核心课程，可以依据各校办学定位和人才培养目标自行设置。

推荐选修课程　　表 4-3

课程名称	知识领域	推荐理论学时	推荐实验学时
电机与拖动基础	电路理论与电子技术、电气传动与控制	56	8
电力电子技术	电气传动与控制	28	4
计算机控制技术	计算机应用技术、电气传动与控制、检测与控制	32	8
嵌入式系统及应用	计算机应用技术	32	8
检测技术与过程控制	检测与控制、计算机应用技术	32	6
系统工程概论	检测与控制	32	
房屋建筑学	土木工程基础	24	
建筑工程项目管理	工程技术基础	24	
建筑电气 CAD	工程技术基础	24	8
信息化应用系统	计算机应用技术、网络与通信	32	8
土木工程概论	土木工程基础	24	
智能小区规划与设计	建筑智能化工程	32	
建筑电气工程设计	建筑电气工程、建筑智能环境、工程技术基础	32	
现代控制理论	检测与控制	24	
控制网络技术	网络与通信、计算机应用技术	32	
信号与系统	检测与控制	32	4
通信原理概论	网络与通信	32	
图像处理技术	计算机应用技术、检测与控制	24	
智能控制理论	检测与控制	32	
数据库基础与应用	计算机应用技术	24	8
电梯控制技术	建筑电气工程、检测与控制	28	4

续表

课程名称	知识领域	推荐理论学时	推荐实验学时
面向对象的程序设计	计算机应用技术	32	8
建筑智能化系统集成技术	建筑电气工程、建筑智能化工程	24	
建筑节能技术	建筑节能技术、建筑智能环境	24	
专业外语	建筑电气工程、建筑智能化工程、建筑智能环境	32	

4.3 本专业实践教学体系

由第1章本专业特点分析可知，建筑电气与智能化专业属于工程类专业。工程类专业的培养目标是在相应的工程领域从事规划、勘探、设计、施工、原材料的选择研究和管理等方面工作的高级工程技术人才，主要培养有工程应用能力的工程技术或管理人员，因而本专业学生的工程实践能力培养非常重要。

实践教学是工程类专业教学不可或缺的内容，是理论联系实际、巩固理论知识和加深对理论认识的有效途径，是培养学生应用知识分析和解决问题能力、培养具有创新意识的高素质工程技术人员的重要环节。通过专业实践教育，培养学生具有符合人才培养目标要求的实验技能、工程设计与施工管理能力，以及初步的科学研究素养和工程创新意识。

专业实践体系是由该专业所需的基础、专业基础和专业实践教学环节构成的一个有机整体，不仅汇集了该专业所需实践环节，而且通过各环节之间的关联建立起内在的有机联系。

4.3.1 本专业实践教学体系的系统结构

由前面专业知识体系的构建可知，知识体系的构成方法有阶梯构成法和分级构成法。本专业知识体系的构建是将两者有机结合，知识体系的系统结构及内容要求按分级构成法，而知识体系所涉及的知识领域之间的关联以及课程体系结构按阶梯构成法。同样，本专业的实践教学体系的构建也是将阶梯构成法和分级构成法相结合，实践教学体系的系统结构及内容是按分级构成法，由实践领域、实践知识与技能单元、知识与技能点三个层次构成，且逐级展开；而各个实践领域中的实践知识与技能单元又是按照阶梯构成法，分为基础、专业基础和专业实践教学环节，体现出学习进程。本专业实践教学体系结构框架见表4-4。

建筑电气与智能化专业实践教学体系　　表4-4

序号	实践领域	实践单元	实践环节
1	实验	普通物理实验	基础实验
		电路实验 电子技术实验 自动控制原理实验 计算机原理及应用实验 网络与通信基础实验	专业基础实验
		建筑供配电与照明实验 建筑电气控制技术实验 建筑设备自动化实验 建筑物信息设施系统实验 公共安全技术实验	专业实验

续表

序号	实践领域	实践单元	实践环节
2	实习	建筑电气工程、建筑智能化工程	认识实习
		专业核心课程	课程实习
		建筑电气工程、建筑智能化工程设备安装与调试	生产实习
		建筑电气工程、建筑智能化工程设计/设备安装/工程管理	毕业实习
3	设计	专业基础课程 专业课程	课程设计
		建筑供配电与照明、建筑电气控制技术、建筑设备自动化、建筑物信息设施系统、公共安全技术、建筑智能化系统集成等工程设计与研究	毕业设计（论文）

4.3.2　本专业实践教学体系的内容

本专业实践教学体系包括实验、实习和设计三个领域。

1. 实验领域

(1) 实验教学的目的

实验是科学研究的基本方法之一，是获得实验技能和科学研究方法基本训练的重要环节。本专业实验教学的目的是：通过实验训练，掌握本专业常用仪器仪表的使用方法、各种电路参数的测定、分析及调试方法，加深对建筑电气与智能化专业主要课程的基本理论或基本概念的理解，培养学生分析问题与解决问题的能力，并初步掌握科研训练的基本方法，为运用所掌握的知识研究和解决建筑电气及智能化工程实际问题奠定基础。

通常，实验与课程相关联，实验教学与理论教学是一门课程教学内容相辅相成的两个方面。例如课程基本理论知识或概念的验证、理解的加深或强化、专业知识的可视化展现，相关仪器仪表的使用及物理量测量或检测方法的基本训练，以及理想条件下设计训练等，以提高该课程专业基础或专业知识涉及内容的实践能力。

(2) 实验教学的类型与内容

实验的类型包括演示实验、验证实验、综合实验或设计实验。演示性实验指为便于学生对客观事物的认识，以直观演示的形式，使学生了解其事物的形态结构和相互关系、变化过程及其内在规律的教学过程。验证性实验是以加深学生对所学知识的理解，掌握实验方法与技能为目的，验证课堂所讲授的某一原理、概念或结论，学生通过现象衍变观察、数据记录、计算、分析直至得出被验证的原理、概念或结论的实验过程。综合性实验是指实验内容涉及本课程的综合知识或与本课程相关课程知识的实验。设计性实验则是指给定实验目的、要求和实验条件，由学生自行设计实验方案并加以实现的实验。

实验领域的实验单元按实验的属性分为基础实验、专业基础实验和专业实验等实践环节。基础实验、专业基础实验和专业实验之间存在着符合专业能力培养和教学规律的内在联系，前者为后者的基础或技能准备，后者为前者的应用或技能延伸或扩展。本专业基础实验包括：普通物理实验；专业基础实验包括：电路实验、电子技术实验、自动控制原理实验、计算机原理及应用实验、网络与通信基础实验以及建筑智能环境学实验；专业实验包括：建筑供配电与照明实验、建筑电气控制技术实验、建筑设备自动化实验、建筑物信息设施系统实验和公共安全技术实验等。

2. 实习领域

实习是指把学到的理论知识放到实际工作或工程项目中应用和检验的活动过程。实习的主要目的在于培养学生的工程意识、熟悉工程环境、了解工程项目实施内容，将所学的理论知识与实践结合，培养勇于探索的创新精神、提高动手能力，为以后胜任工作岗位打下坚实的能力基础。

本专业实习包括：认识实习、生产实习和毕业实习。

（1）认识实习

本专业的认识实习，是指以实际工程为对象，获得建筑电气与智能化工程的初步了解或认识为目的的实践教学活动。通过指导教师或工程技术人员的现场授课，使学生全面而详细地了解建筑电气与智能化系统组成、工程施工、项目管理以及设备或设施运行情况等。通过认识实习，学生可以直接或间接地获得工程实践经验，积累相关的行业知识，为专业课学习打下基础，同时也能够为毕业后走向工作岗位积累经验。

（2）生产实习

生产实习是指在建筑电气与智能化工程现场或工程设计类企业，组织学生以工人、技术或管理人员等身份在专业人士的指导与管理下直接参与建筑电气与智能化工程建设过程。一般情况下，可根据建筑电气与智能化工程企业承包的实际工程项目情况或项目组织机构形式等条件设计生产实习方案，并依据项目岗位制定生产实习计划，例如：设计部门实习、项目管理部门实习、施工管理部门实习或系统运维管理实习等。

通过生产实习过程，培养学生的动手、动脑能力，在实习中总结经验，学以致用，更好地适应以后的学习和工作。一般来说，生产实习通常与课程群或专业方向课程模块相关联或相对应，与实验领域相比较，生产实习更具有综合性强的特点，而且实习内容的针对性更强、更深入，实习时间更集中。

（3）毕业实习

毕业实习是指学生在毕业设计之前，即在学完全部课程之后到实习单位或工程现场参与一定实际工作，将所学专业知识用于实际工程或研发项目，解决专业技术问题，获取独立工作能力和经验，培养学生的综合职业能力，在思想上、业务上得到全面锻炼。毕业实习是与毕业设计（或毕业论文）相联系的一个专业教学环节，有目的地围绕毕业设计（或毕业论文）进行毕业实习，在实践中获得有关资料，为进行毕业设计或撰写毕业论文做好准备。

通常，毕业实习的知识或技术基础是专业计划内的所有课程（理论和实践课程），与生产实习相比较，它涉及的知识面应该更广泛，遇到的问题综合性更强，需要考虑的问题更全面，而且需要具备一定的创新意识。

本专业的毕业实习，是在学生学业的最后一个学期（或一定期限）参加的工程实践活动，通过对建筑电气与智能化工程或科研项目全面、深入地了解（工程设计、工程管理、智能建筑技术研究、智能化技术方案、工程建设法律法规等），为完成毕业设计（论文）或就业奠定坚实的基础。适宜本专业大学生的实习单位包括建筑电气与智能化工程设计、建筑电气与智能化弱电工程施工、建筑电气与智能化产品研发、建筑电气与智能化系统运行管理等企业。可根据实践教学计划，以及个性化培养需求安排大学生选择适合的实习单位。

3. 设计领域

广义上讲，设计是把一种设想通过合理的规划、周密的计划、通过各种感觉形式表达出来的过程。人类通过劳动改造世界，创造文明，创造物质财富和精神财富，而最基础、最主要的创造活动是造物。可以把任何造物活动的计划技术和计划过程理解为设计。设计活动存在于社会中各个领域、各行各业。专业教学过程中的设计概念有别于其他领域，它是专业教学的一种形式，也是学生专业能力提升的培养过程。

本专业实践教学体系中的设计领域包括课程设计和毕业设计（论文）。

（1）课程设计

课程设计是针对某一课程的综合性实践教学环节；学生学完专业基础或专业课程后，综合利用所学的专业课程理论知识进行的专业技术设计实践活动。例如：《建筑供配电与照明》课程设计，一般是完成一项建筑供配电与照明工程的设计图纸，包括从方案到部分施工图等。课程设计有利于专业基础知识的理解、有利于逻辑思维的训练、有利于与其他学科的整合、有利于治学态度的培养。

课程设计前接所学课程和实验或实习，后续与其他专业课程和毕业设计相关联。课程设计是知识的强化、积累以及知识的应用能力逐步提高的过程。课程设计一般由任课教师根据课程设计大纲设计题目并指导，由学生独立完成设计任务。

（2）毕业设计（论文）

毕业设计（论文）是专业教学过程最后阶段实施的总结性、综合性的实践教学活动。本专业毕业设计主要目的是通过毕业设计，培养学生综合应用所学基础理论和专业知识，解决一般性建筑电气与智能化工程技术问题或参与相关科研活动的能力，训练、提高学生的工程制图、理论分析、方案设计、施工组织设计、计算机应用、外文应用以及新技术应用能力，使学生得到全面、系统、严格的专业综合能力的训练。另外通过毕业设计，使学生对本专业设计与施工内容、工程管理以及工程建设全寿命周期有比较全面、深入的了解，熟悉建筑电气与智能化工程建设规范、规程、手册和工具书，提高学生分析、解决工程实际问题的能力，培养学生踏实、细致、严格、认真和吃苦耐劳的工作作风，为就业后的职场发展打下良好基础。毕业论文是毕业设计的重要组成部分，也与毕业实习密切相关。毕业论文是毕业设计成果的主要表现形式之一，毕业论文的广度和深度反映了毕业设计和毕业实习的质量。本专业的毕业设计（论文）宜结合实际建筑电气与智能化工程项目或科研课题进行选题，并在毕业实习、毕业设计的良好基础上，高质量地完成毕业论文。

论文选题应满足本专业人才培养目标的要求。论文题目一般由指导教师（校内/外）起草（建议）或由学生提出，经专业负责人同意后确定。

课程设计与毕业设计（论文）是学生专业能力培养的一条主线，两者的主要区别在于：前者是与某门课或某些课相关联，后者可能与所有专业课相关联，综合性较强；前者主要在校内进行，后者大多结合实际工程或科研项目进行；前者大多是在理想环境条件下完成，后者要综合考虑环境条件或实际因素等。

4.3.3 创新训练与科研训练

大学生的科研能力训练和创新能力培养是大学实践教学的重要内容。科研训练是鼓励学生参与教师的科研课题，从本科阶段就开始融入科学研究、技术开发和社会实践等创新活动中，让学生系统学习和掌握本研究领域的基本研究方法和过程，发掘大学生的创新研究潜力，培养大学生的创新精神，提高大学生的实践能力。创新训练是基于教育部组织实施的国家级大学生创新创业训练计划，其内容包括创新训练项目、创业训练项目和创业实践项目三类。创新训练项目是本科生个人或团队，在导师指导下，自主完成创新性研究项目设计、研究条件准备和项目实施、研究报告撰写、成果（学术）交流等工作；创业训练项目是本科生团队，在导师指导下，团队中每个学生在项目实施过程中扮演一个或多个具体的角色，通过编制商业计划书、开展可行性研究、模拟企业运行、参加企业实践、撰写创业报告等工作；创业实践项目是学生团队，在学校导师和企业导师共同指导下，采用前期创新训练项目（或创新性实验）的成果，提出一项具有市场前景的创新性产品或者服务，以此为基础开展创业实践活动。通过实施国家级大学生创新创业训练计划，促进高等学校转变教育思想观念，改革人才培养模式，强化创新创业能力训练，增强高校学生的创新能力和在创新基础上的创业能力，培养适应创新型国家建设需要的高水平创新人才。

1. 目的和意义

大学生创新能力的培养是高校人才培养的核心，是提高学生就业竞争力的重要砝码，是塑造学生独立精神品质的重要途径。创新与科研训练是大学生成长、成才的内在需要，对于大众化趋势下的本科教育，组织开展大学生课外科研创新、实践创新活动，可以引导学生充分利用课外时间从事有意义的专业活动，提高学生对学科专业的兴趣，促进良好学风的形成。

建筑电气与智能化专业是以新经济、新产业为背景，凸显学科交叉与综合特点的新兴工科专业，因而本专业人才培养理念是应对变化、塑造未来、继承创新、交叉融合，培养目标是具有可持续竞争力的创新型新工科人才。因而，创新与科研训练是本专业实践教学体系设计的重要内容，以适应新技术、新业态、新产业为特点的新经济蓬勃发展，以及新经济的发展对“新工科”人才培养提出的新要求，满足本专业人才培养目标的要求。

2. 创新与科研训练的基本要求

（1）以新技术、新业态、新产业为建筑电气与智能化行业带来的挑战与变革为切入点制定本专业大学生应用性创新训练与应用性科研训练总体规划和实施方案。

（2）大学生创新与科研训练项目应体现在本专业实践教学活动的各个阶段或环节。

（3）充分发挥第二课堂的作用，积极参与大学生学科专业竞赛和有意义的讲座、社团活动、课外科技活动、社会调查、社会实践等，推进大学生创新训练与科研训练活动。同时，培养学生高尚的思想品德和良好的综合素质。

（4）积极参与企业或科研机构的研发项目或横向课题研究，坚持“产、学、研、用”相结合的方式开展大学生创新训练与科研训练活动。

（5）本专业大学生创新训练与科研训练内容应包括建筑电气与智能化工程设计、工程管理、应用技术研发、系统运维管理等各个应用领域。

（6）应用性创新训练重点在于培养学生的创新意识，养成推崇创新、不断开拓进取、勇于冲破传统观念和科学权威的理论体系、以创新为荣的思想观念。

（7）培养学生的创造性思维能力，培养其敏锐的观察力和丰富的想象力，勤于思考，善于思考，这是创新能力的基础。

（8）培养学生健全的人格，具备献身科学的自觉性和坚定性。

第 5 章　本专业的发展趋势

由第 1 章中建筑电气与智能化专业特点可知，建筑电气与智能化专业随着建筑技术、电气技术和信息技术的发展而动态发展，因而本章通过介绍建筑可持续发展、建筑电气技术发展、新一代信息技术应用及智慧城市发展等，使大家对本专业的发展方向与趋势有所了解。

5.1　建筑可持续发展

随着工业的发展与科技的进步，全球环境恶化，生态问题日趋严重，人类开始关注自身赖以生存的生态环境，可持续发展的概念即在此背景下产生。可持续发展（sustainable development）是指既满足当代人的物质文化需要，又不损害后代人利益的发展。建筑活动是人类对自然资源环境影响最大的活动之一，不仅建造时需要用到大量的原材料资源，运营使用中为营造舒适、便利的居住环境，要消耗大量的资源和能源，而且在拆除时还会产生大量的废弃物，因而实现建筑可持续发展是建筑行业的发展方向，也是建筑电气与智能化发展的方向。

5.1.1　建筑节能与绿色建筑

建筑节能与发展绿色建筑是实现建筑可持续发展的重要途径，也是世界建筑发展的趋势和方向。绿色建筑是在建筑的全寿命周期内，最大限度地节约资源（节能、节地、节水、节材）、保护环境和减少污染，为人们提供健康、适用和高效的使用空间，与自然和谐共生的建筑。以下从绿色建筑的“四节一环保”出发，介绍绿色建筑的技术发展。

1. 节能

建筑节能最早的含义是减少建筑中能源使用量（energy saving in buildings），而后延伸为在建筑中保持能源（energy conservation in buildings），即减少门、窗、墙体等建筑维护结构的热量散失。而目前建筑节能的含义是在建筑中积极提高能源利用率（energy efficiency in buildings），减少能源消耗，开发和利用绿色环保可再生的新能源。为了减少对不可再生资源的消耗，绿色建筑以人、建筑和自然环境的协调发展为目标，通过合理的选址与规划，充分考虑自然通风、日照、交通等因素，即采取不主动消耗能源或尽量降低建筑能源需求的被动式构造设计手段来满足生活舒适的要求，这样既有利于健康，又可最大限度地减少能源用量。我国推广的被动式超低能耗绿色建筑即采用这种“被动优先，主动优化、经济实用”的设计原则。

被动式超低能耗绿色建筑是指适应气候特征和自然条件，通过保温隔热性能和气密性能更高的围护结构，采用高效新风热回收技术，通过回收利用排风中的能量，最大程度地降低建筑供暖供冷需求，并充分利用可再生能源，以更少的能源消耗提供舒适室内环境并能满足绿色建筑基本要求的建筑。超低能耗建筑的设计、施工及运行以建筑能耗值为约束目标，其规划设计在建筑布局、朝向、体形系数和使用功能方面，注重与气候的适应性，根据不同地区的气象条件、自然资源、生活居住习惯及当地传统建筑被动式措施等，采用合适朝向、蓄热材料、遮阳装置、自然通风等被动式设计策略，适应气候特征和自然条件。严寒和寒冷地区冬季以保温和获取太阳得热为主，兼顾夏季隔热遮阳要求；夏热冬冷和夏热冬暖地区以夏季隔热遮阳为主，兼顾冬季的保温要求；过渡季节能实现充分的自然通风，最大程度地降低供暖制冷需求，不用或少用辅助供暖供冷系统，辅助供暖供冷优先利用可再生能源，减少一次能源的使用，实现超低能耗目标。

2. 节地

随着人口的不断增加，土地资源日益紧张，珍惜和合理利用土地是我国经济发展的基本国策。绿色建筑节地主要是在建房活动中通过合理的选址和建筑布局，最大限度少占地表面积。在条件允许的情况下，以劣地、坡地等不利于耕地的土地为首选，不占用或少占用农用耕地，并且要提高土地利用率，适当建造多层、高层建筑，以提高建筑容积使用率，同时降低建筑密度，增加绿地面积，保证建筑园区的生态环境。容积率是指在某一基地范围内，地面以上各类建筑的建筑面积总和与基地总面积的比值，是衡量建设用地使用强度的一项重要指标，也涉及住户居住的舒适度。建筑密度是指建筑物的覆盖率，即项目用地范围内所有建筑的基底总面积与规划建设用地面积之比，它反映出一定用地范围内的空地率和建筑密集程度。建筑密度与建筑容积率考量的对象不同，相对于同一建筑地块，建筑密度的考量对象是建筑物的面积占用率，建筑容积率的考量对象是建筑物的使用空间。

另外，高效利用地下空间也是节地的措施之一，比如地下停车、地下商场等。目前城市地下空间的开发利用已列入我国城市规划、建设的议事日程。比如现在应用广泛的地下铁道及目前正在兴起的地下城市综合管廊。地下交通系统不仅运量大、速度快、安全准时，并且占地面积少、污染少，丰富和扩展土地的利用。而地下城市综合管廊是在城市地下建造一个隧道空间（图 5-1 是其应用举例），将电力、通信，燃气、供热、给水排水等各种工程管线集于一体，实施统一规划、统一设计、统一建设和管理，是保障城市运行的重要基础设施，也是智能化技术应用的一个重要领域。智慧管廊以各类智能化监控设备为基础，以数据融合分析为手段，采用智能传感和包括 GIS（Geography Information Systems，地理信息系统）、GPS（Global Positioning Systems，全球定位系统）、RS（Remote Sensing，遥感技术）的 3S 技术等，实现对管廊各类信息的快速、准确、可靠的收集与处理，并在统一的信息管理平台上展现和操作，实现智慧感知（监测管廊中各管线及机电设备运行信息，通过大数据挖掘技术，对数据趋势走向和异常变化进行预判，对可能发生的故障进行提前预警）、智慧管理（利用云计算、虚拟现实和物联网等先进技术，建立统一的智能监管平台，将虚拟现实技术和远程控制技术相结合，提高运维效率）、智慧决策（通过对海量数据进行分析挖掘，结合逻辑关系模型，辅助运维决策，提升管理水平）。

3. 节材

由于大部分建筑材料的原料来自不可再生的天然矿物原料，而且在建材生产过程中消耗大量的能源，并产生严重的污染，因而节材是绿色建筑“四节”要素之一。所谓节材就是要尽量减少在建设过程中建筑材料的总用量。绿色建筑节材主要从材料选用和建筑节材设计两方面实现。

图5-1 地下城市综合管廊应用举例

在材料选用方面，绿色建筑推广应用高强轻质建筑结构材料和高耐久性材料。高强钢和高强轻混凝土等高强轻质材料本身消耗资源少，而且有利于减轻结构自重，减小下部承重结构的尺寸，从而减少材料消耗。高耐久性混凝土及其他高耐久性建筑材料提高建筑品质，延长建筑物的使用寿命，避免建筑物过早维修或拆除而造成的巨大浪费。另外通过采用工业化生产的预拌混凝土和预拌砂浆，减少材料消耗和环境污染；使用当地生产的建筑材料，减少运输过程的资源、能源消耗，降低环境污染；采用可再利用材料和可再循环材料，减少生产加工新材料带来的资源、能源消耗和环境污染，充分发挥建筑材料的循环利用价值；利用废弃物原料建材等措施，将工业固体废物作为组分或替代组分加入到建筑材料原物系中形成新的材料。变废为宝，节约资源，保护环境。

在建筑设计方面，绿色建筑节材的措施包括择优选用建筑形体、结构优化设计、土建装修一体化设计、可重复使用的隔断、原有结构、构件的再利用、采用工业化生产的预制构件、采用整体化定型设计的厨房、卫浴间等。建筑形体是指建筑平面形状和立面、竖向剖面的变化。形体不规则的建筑比形体规则的建筑耗费更多的结构材料，不利于节材，因而绿色建筑择优选用较为规则的建筑形体。而且建筑造型要素简约，尽可能利用功能构件作为建筑造型的语言，通过使用功能装饰一体化构件，在满足建筑功能的前提下表达美学效果，并节约资源。由于结构材料用量占建筑总材料用量的比重较大，结构优化设计是在满足安全和设计要求的前提下，对地基基础、结构体系、结构构件进行优化设计，节约结构材料用量。土建装修一体化通过对各种技术手段和资源合理调配，实现资源最优化利用，避免材料浪费。在保证室内工作环境不受影响的前提下，在办公、商店等公共建筑室内空间尽量多地采用可重复使用的灵活隔墙，或采用无隔墙只有矮隔断的大开间敞开式空间，可减少室内空间重新布置时对建筑构件的破坏，节约材料，同时为使用期间构配件的替换和将来建筑拆除后构配件的再利用创造条件。采用工业化生产的预制构件（如预制梁、预制柱、预制墙板、预制楼面板、预制阳台板、预制楼梯、雨棚、栏杆等）既能减少材料浪费，又能减少施工对环境的影响，同时还为将来建筑拆除后构件的替换和再利用创造条件。采用整体化定型设计的厨房、卫浴间，通过整体优化资源设计实现节材。

4. 节水

水是构成生态环境的基本要素，也是人类生存与发展不可替代的重要资源。随着社会的发展和人口的增加，人类对水资源的需求不断增加，水资源的匮乏是世界面临的问题。节水和水资源利用是绿色建筑内涵的重要体现。绿色建筑节水主要体现在“节流”和“开源”两个方面，节流是减少水的消耗，开源是增加水的来源。减少水的消耗包括合理规划建筑可利用的水资源，提高水资源利用效率，设置合理、完善、安全的给排水系统，采用避免管网漏损、减压限流、分项计量和节水器具与设备等措施，减少水资源消耗；增加水的来源是指利用不同于传统地表供水和地下供水的非传统水源，包括再生水、雨水、海水等。再生水是将使用过的水处理后再利用，也叫中水回用。中水回用系统将建筑或建筑园区中的生活污（废）水（沐浴、盥洗、洗衣、厨房、卫生间的污水）集中处理，达到规定的标准后，回用于建筑园区绿化浇灌、车辆冲洗、道路喷洒、卫生间冲洗等。雨水回收及利用是对屋顶、路面的雨水进行收集，经过简单的工艺处理后达到城市杂用水的水质标准，用于道路冲洗、绿化浇灌、洗车或景观补水等。

传统城市雨水收集是在雨水落到地面后，一部分通过地面下渗补充地下水，不能下渗或来不及下渗的雨水通过地面收集后汇流进入雨水口（管道排水系统汇集地表水的设施），再通过收集管道收集后，排入河道或通过泵提升进入河道。但随着城市化进程的加快，大量的硬质地面替代了开发建设前的自然绿化生态地面，雨水很难渗入地下补充地下水，加之城市发展过快，很多城市的市政排水系统不完善，因此传统的雨水管理模式经常会造成城市洪灾、雨水径流污染、雨水资源大量流失、生态环境破坏等问题。海绵城市是新一代城市雨洪管理概念，它以“自然积存、自然渗透、自然净化”为目标，采用绿色街道（生物滞留池等暴雨径流管理设施在街道层面的应用）、下凹式绿地、生态湿地、透水铺装、雨水调蓄池等技术措施，下雨时吸水、蓄水、渗水、净水，需要时将蓄存的水“释放”并加以利用，使城市像海绵一样，在适应环境变化和应对自然灾害等方面具有良好的“弹性”，提升城市生态系统功能和减少城市洪涝灾害的发生。海绵城市自然积存、渗透、净化设施如图 5-2 所示。

(a) (b) (c)

图 5-2 海绵城市自然积存、渗透、净化设施

(a) 渗滤池；(b) 渗透池；(c) 渗透路面

5. 环保

绿色建筑的环境保护，一方面是通过节地、节能、节水、节材，最大限度地减少资源和能源的消耗，保护外部的生态环境，另一方面是通过室外场地规划设计、自然采光及自然通风规划设计、采用绿色建材以及对室内声、光、热湿及空气环境的保障技术，为使用者提供健康、舒适和高效的室内环境。

近年来，大气污染、水质污染、人口老龄化等环境社会问题日益突出，人们迫切需要更加健康、舒适的生活环境、需要更加健康的生活方式。健康建筑是绿色建筑更高层次的深化和发展，其概念源于绿色环保，但又具有更深层的含义，即在保证"绿色"的同时更加注重使用者的身心健康，在满足建筑功能的基础上，为人们提供更加健康的环境、设施和服务，促进人们身心健康，提升建筑健康性能。建筑的健康性能涉及空气、水、舒适、健身、人文、服务六大健康要素。保障这六大健康要素实现的前提条件是科学合理的健康建筑设计，即在建筑设计阶段采用有利于六大健康要素实施的技术及措施，其次是在建筑运行中通过设置健康要素指标的检测与控制系统，保证各项健康要素指标达到要求。比如对于空气要素，健康建筑对室内空气质量提出更高的要求（提高了甲醛、苯系物、TVOC、PM2.5、PM10等室内空气污染物浓度限值），而高要求、高指标的实现一方面是通过建筑设计、装饰设计、装修设计、通风系统设计，降低或最大限度减少室内空气污染源，另一方面是针对具有代表性和指示性的室内空气污染物指标进行监测、计算与发布，当所监测的空气质量偏离理想阈值时，系统做出警示，并根据空气质量监测参数对室内空气质量调控设备进行调节，净化空气，降低室内空气污染，保证室内空气质量，满足人体健康要求。水质主要是指饮用水的水质，清洁的饮用水是保障健康的重要条件。健康建筑设置水质在线监测系统对饮用水、游泳池水、中水水质按不同的质量标准实施在线监测，并向建筑使用者公开水质各项监测结果，保证各类用水的水质达到相应的标准。在舒适方面，健康建筑一方面通过"被动优先，主动优化、经济实用"的建筑设计原则，通过建筑及设备设计创建舒适、健康的室内光环境、声环境和热湿环境，另一方面在运行中通过控制室内生理等效照度（physiological equivalent illuminance）、设置采用基于人体热舒适感觉的热湿环境控制系统对室内热湿环境进行调控、区分不同功能房间室内噪声要求，满足人们对光环境、热湿环境及声环境舒适性的要求。由于光是影响人体生理节律的重要因素，不同强度和频率的光产生的影响存在明显差异。室内生理等效照度是辐射照度对于非视觉系统的作用，对于居住建筑，为保证良好的休息环境，夜间应在满足视觉照度的同时，合理降低生理等效照度，保证良好睡眠；对于公共建筑，为保证舒适高效的工作环境，应适当提高主要视线方向的生理等效照度，使人们处于一种高效的工作状态。在健身方面，健康建筑在室内、室外均提供可供健身的场地，并且在建筑中有相关的引导，促使人们积极锻炼。在人文方面，健康建筑设置室外交流空间，绿化环境，营造舒适心理环境，并进行适老设计，有利于人们心理健康和老人的健康与安全。在服务方面，健康建筑提供良好的物业管理，制定并实施健康建筑管理制度，保障餐饮厨房区卫生及食品安全和公共环境卫生。

5.1.2　装配式建筑

目前，我国建筑大部分采用现场浇（砌）筑的建造方式，资源及能源利用效率低，建筑垃圾排放量大，扬尘和噪声环境污染严重，制约着建筑的可持续发展。装配式建筑立足于绿色发展，采用预制部品部件在工地装配的建造方式，即建筑的部分或全部构件在工厂预制完成，在施工现场只需将构件通过可靠的连接方式装配构成建筑。装配式建筑与现浇建筑相比，具有设计标准化、生产工厂化、施工装配化、装修一体化、管理信息化等特征，不仅建造速度快、受气候条件制约小、节约劳动力、提高建筑质量，而且节约资源、节能减排、保护环境。装配式建筑建造阶段可以大幅减少施工材料、施工用水、施工用电的消耗，大幅减少建筑垃圾、碳排放和对环境带来的扬尘和噪声污染，有利于改善环境和推进生态文明建设。

装配式建筑的类型包括砌块建筑、板材建筑、盒式建筑、骨架板材建筑、升板和升层建筑。砌块建筑是用预制的块状材料砌成墙体的装配式建筑，适用于低层建筑；板材建筑由预制的大型内外墙板、楼板和屋面板等板材装配而成，是装配式建筑的主要类型；盒式建筑是在板材建筑的基础上发展起来的，在工厂完成盒子的结构部分以及内部装修和设备（甚至家具）安装，工厂化程度高，现场安装快；骨架板材建筑由预制的骨架和板材组成，其结构合理，内部分隔灵活，可以减轻建筑物的自重，适用于多层和高层的建筑；升板建筑是就地预制楼板并将其提升安装而建造的多层钢筋混凝土板柱结构的装配式建筑，外墙可用砖墙、砌块墙、预制外墙板、轻质组合墙板或幕墙等，也可以在提升楼板时提升滑动模板、浇筑外墙，多用于商场、仓库、工场和多层车库等；升层建筑是在提升就地预制楼板之前，在两层楼板之间安装好预制墙体和其他墙体，提升楼板时连同墙体一起提升的建筑，升层建筑可以加快施工速度，比较适用于场地受限制的地方。图 5-3 为装配式建筑建造举例。

图 5-3　装配式建筑建造举例

装配式建筑推行一体化集成设计，统筹建筑结构、机电设备、部品部件、装配施工、装饰装修，建筑电气与智能化专业的学生应该了解装配式建筑的发展，在日后的设计工作中通过建筑信息模型技术，提高与其他各专业协同设计的能力。

5.1.3　零能耗建筑

零能耗建筑（zero energy consumption buildings）是不消耗常规能源的建筑，它通过运用主动和被动式太阳能（光热、光伏）、风能、地能、余热回收、水蓄热及建筑节能等措施，达到建筑中与建筑功能和室内环境营造相关的用能项（供暖、通风、空调、照明和生活热水）全年实际终端能源消耗为零。零能耗建筑包括独立的零能耗建筑（不依赖外界能源供应，利用自身产生的能源独立运行）、净零能耗建筑（与外电网相连，以年为单位，电力的产生与消耗相抵平衡）和包括建筑本体之外设施的零能耗建筑（在建筑之外建立风力发电、太阳能发电等，利用这些可再生能源满足运行要求）。与传统意义的绿色建筑相比，零能耗建筑在注重节地、节能、节水、节材、室内环境与健康的基础上，更加关注能源在建筑中的利用效率，通过高性能建筑围护结构、建筑用能设备以及可再生能源的综合利用，在实现建筑用能超低限值的同时，将建筑能源需求转向太阳能、风能、浅层地热能、生物质能等可再生能源，实现建筑零能耗。

零能耗建筑建设是一个系统工程，涉及建筑设计、建筑施工、围护结构、供热技术、制冷技术、可再生能源利用、节能建材及设备、智能化调控和运营管理等技术。为实现建筑零能耗目标。需要通过多技术集成的整体设计。在场地规划上，零能耗建筑基于最大限度地利用自然能源的设计理念，根据当地的气候条件、建筑习性、建筑地点和建筑类型等条件，充分考虑阳光、空气、绿地、朝向、景观及通风环境，降低内部负荷，实现最小化能源消耗。在建筑设计中，一方面采用被动式设计，尽可能利用自然条件和环境，自然通风、自然采光、内外遮阳，并从建筑形体、窗墙比及建筑体形系数等方面精细设计，提高建筑本体的性能，尽可能降低负荷，尽量不依靠设备，减少能源需求；另一方面采用可再生能源与建筑一体化设计，最大化利用可再生能源来弥补被消耗掉的能源。围护结构设计采用高保温隔热性能和高气密性的结构材料，是零能耗建筑设计和建造中最为重要的技术措施。建筑围护体系主要由外墙、屋面和外窗组成，加强围护体系的保温性能主要是指外墙、屋面和外窗应具有良好的保温结构、蓄热性能和良好的气密性，从而减少室内冷（热）量散失以减少空气渗透耗热量。在建筑施工上，采用工业化建造方式提升建筑的质量和性能。建筑的屋架、轻钢龙骨、各种金属吊挂及连接件，采用机械化生产，尺寸精确，楼板屋面板采用工厂预制，拼接组装严密，从而减小建筑物的空调、采暖负荷，另外在工厂生产过程中，材料的保温隔热性能指标可以严格控制，确保原材料质量。在建筑用能方面，因为供暖、空调系统在建筑能耗中所占比例较大，所以在供暖、空调系统设计过程中，一方面要提高能源利用效率，另一方面要最大化利用可再生能源，比如采用辐射采暖、制冷系统提高能源利用效率、采用带有热回收功能的新风系统实现热循环回收和利用，采用太阳能供暖、太阳能制冷、地热供暖、地热制冷等。在建筑产能和能源管理上，采用高效集成的产能系统及高性能的能源管理系统为实现建筑零能耗提供保证。零能耗建筑高效集成的产能系统及高性能的能源管理系统主要指利用可再生能源发电的智能微电网。微电网是由分布式电源、储能装置、能量转换装置、保护装置和微电网能源管理系统组成的小型发配电系统。零能耗建筑的智能微电网将可再生能源发电技术（光伏发电、风力发电、生物质发电）、能量管理系统和输、配电基础设施高度集成，其能量管理系统是微电网的控制中枢，具有实时监控、实时分析、实时预测等能力，通过先进的量测、传感技术监控微电网的运行状态（包括发电、蓄电），通过实时分析，优化运行方式，合理预测和分配电力，提高终端能源利用率。要实现零能耗目标，完善、强化运行管理是必不可少的环节，零能耗监控与管理基于建筑能耗预测监管平台和建筑设备管理系统，实时监控建筑能耗状况，通过数据挖掘准确预测建筑负荷及能耗，提升零能耗运行策略，调控整个机电系统达到优化状态，保证实现零能耗目标。

5.2　供配电智能化

配电自动化的飞速发展使得智能配电网成为目前我国配电网发展的主要趋势。

5.2.1　发展背景与趋势

传统的电气控制主要通过断路器、接触器、热继电器、熔断器、控制继电器、互感器和各种电工仪表等组成低压控制开关柜，外线缆先进入柜内主控开关，然后进入分控开关，各分路按其需要设置电力开关设备，实现配电、控制、保护和监视功能。这种开关柜存在的问题是操作复杂、维修不便、需要人工、没有预警等。如在供配电系统的线路中起着控制和故障保护作用的低压断路器，它是用脱扣装置进行分/合闸操作来完成该功能。低压断路器的脱扣装置通常是利用某些物理效应，通过机械机构（多由电磁元件构成）来控制一次电路的开断的。若要实现不同的保护功能需要设置多种不同的脱扣装置，因而使小型断路器功能较为单一，使大型万能式断路器体积过于庞大，并且传统的低压断路器整定困难，保护精度较低，动作时间较长，脱扣装置故障率高。后来出现了电子式的脱扣装置，这种脱扣装置大量使用电子元件，使其电路结构复杂，抗干扰能力差，故障率较高。随着电力系统不断快速发展和规模扩大，电网的运行方式、结构特点以及管理调度模式都发生了很大的变化，对电网运行的可靠性以及自动化程度的要求也越来越高，要求低压断路器不能仅局限于保护和控制功能，而是将测量、保护和通信等功能集于一体。在配电网中，作为主要工作形态之一的开关柜，已经将断路器、负荷开关、接触器、隔离开关、熔断器、互感器、避雷器、电容器和母线以及相应的测量、控制、保护、监测诊断、信号、连锁装置和通信系统集成于配电柜/箱内，成为一个多功能的，综合性的电网智能电器设备。

随着计算机技术、人工智能技术和微控制器技术的不断进步，低压配电网向智能电网发展，其特点如下：

（1）高度智能化

主要是采用先进的微处理器技术，嵌入相应的应用软件或操作系统，从而在硬件不变的情况下，使其具备较高的适用性、可靠性、可操作性以及具有升级能力，增加其智能保护的多样性。

（2）通信网络化

在产品中嵌入通信芯片或使用智能终端能够通过传输媒质与上位监控主机或其他电气设备进行信息交流，以适应电网智能化的发展需求，实现对各供配电回路电参数的监测，对断路器的分合状态、故障信息的监视。配合各种完善的远程监控软件，实现对配电回路的遥测、遥信、遥控、遥调以及遥视。

遥测是指通过计算机对电压、电流、有功功率、无功功率和电度量等数据进行实时采集、分析、处理和记录，显示曲线、棒图，并自动生成报表。

遥信是指对开关的运行状态、保护动作等开关量进行实时监视。通过计算机的实时显示和自动报警，对各柜内开关的状态、事故跳闸、过流、速断、温度等进行实时记录和打印。

遥控是指通过计算机屏幕选择相应开关号和合/分闸等动作指令，并通过屏幕将选择的开关状态反馈回来，确认后执行，并实时记录操作的时间、类型等。

遥调是指设定各种智能模块的运行参数，即计算机根据屏幕操作指令或计算机根据对系统分析判断结果，对智能模块的设定值和故障保护值进行远程整定。

遥视是指在监控计算机上通过网络与现场摄像头有选择性地察看现场的实时情况。

（3）控制器件产品化

将智能控制终端做成与断路器相对独立的通用性的产品，其使用范围可以不拘泥于具体型号的断路器，并且维护也会相对简单，使断路器结构进一步简化。

（4）产品模块化和通用化

模块化的产品结构既能提高产品的设计、制造效率，又能提高产品的市场适应能力，能降低产品设计与开发的复杂性，方便相关产品的维护与扩展，还可以避免产品的单个部件损坏而导致整机更换的弊病，此外，模块化产品相关部件的设计尺寸以及零件应当具有通用性。

5.2.2　智能配电应用——智慧电气系统

智慧电气系统将数字技术和现场总线技术应用于低压配电领域，实现配电系统智能化，利用云控中心、物联网、数字化的手段，对低压配电系统以及变压器、发电机组、应急电源等设备进行集中监控管理，通过配电网设备间的全面互联、互通、互操作，实现配电网的全面感知、数据融合和智能应用，满足配电网精益化管理需求，提高系统的信息处理能力和运行可靠性，方便用户对系统的组网、管理和维护，同时将电力监控、能耗管理、电气火灾监控、照明监控和智能防雷等系统合一，实现了传统的配电功能与系统管理功能的有机结合，是新一代电力系统中的配电网。

智慧电气系统采用典型的三层网络分布式结构，由现场设备层智慧配电柜/箱（或智慧终端）、网络通信层和用户管理层组成，如图 5-4 所示。

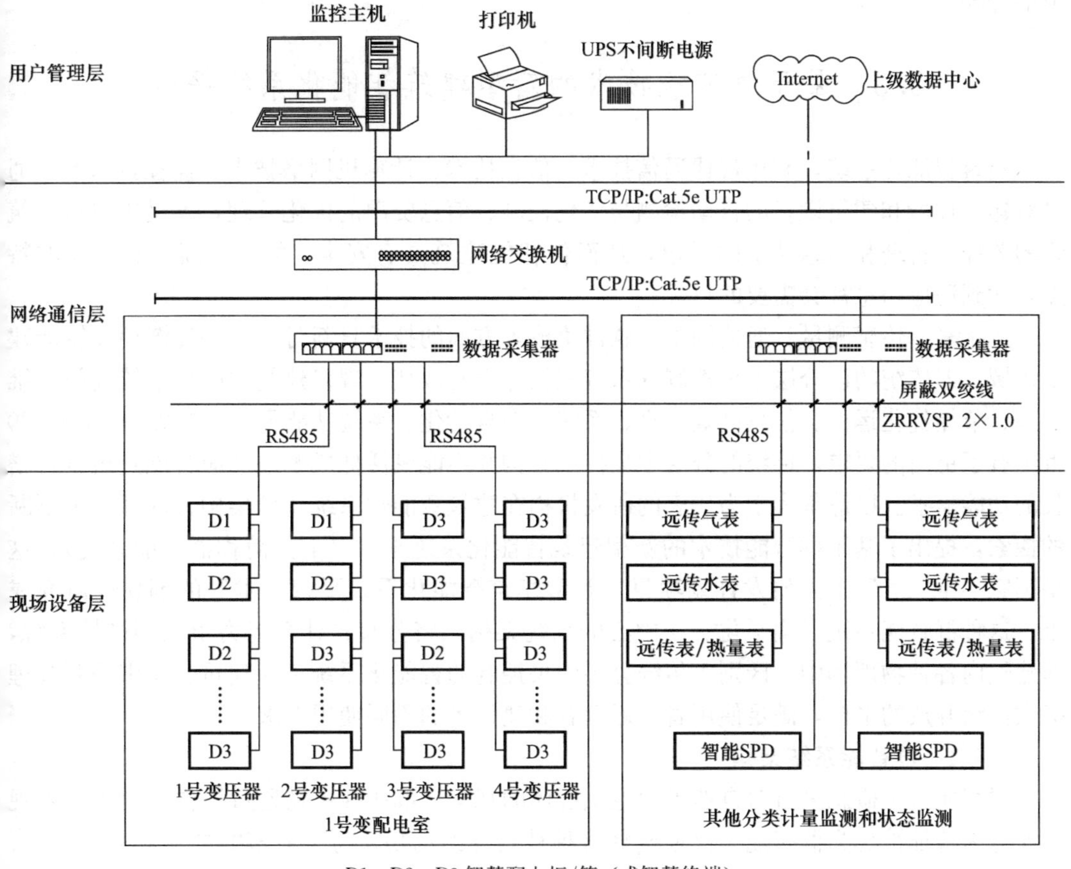

D1、D2、D3 智慧配电柜/箱（或智慧终端）

图 5-4　智慧电气系统组网图

智慧终端：系统的核心元件，它集参数采集、转换、运算、显示、保护、控制、通信等功能为一体，既可以替代传统的电流表、电压表、电度表等元件，又可以与普通断路器配合，实现保护、控制功能。

数据采集器：完成智慧终端的数据采集功能，并实现通信协议的转换，将数据传输至上位机系统。也可以接收上位机对智慧终端的参数配置和控制命令，将其发送至各终端。此外，基于系统的开放性，数据采集器也可采集智能水表、智能燃气表等的数据，将其统一传送至上位机系统，实现系统对各个能耗分项指标的实时监测与管理。

上位机系统：实现低压配电系统的全方位监测、保护、控制和管理四大功能。具有图形化显示系统各参数的功能，可以完成各参数的整定。系统具备良好的兼容性和开放性，促进与各种器件和系统的兼容，根据用户实际需求，给用户提供行使自我需求的软硬件平台，便于统一管理。

智慧电气系统具有多路供电的自动化投切、异常电流自动录波追踪、防止越级跳闸、专家诊断、多种电参量（电压、电流、有功功率、无功功率、功率因数、频率、电度等）监控分析、本地和远程控制、能耗监测、条件控制等功能，为用户提供便捷的管理平台，在全面掌握系统运行的同时，还可进行电子图纸档案查询、事件统计、用电管理和设备维护，全面提升用电质量，保证用电安全，提高管理效率，减少维护成本投入，减员增效，节能降耗。

5.3 基于群智能技术的新型建筑智能化系统平台

建筑智能化系统，利用现代通信技术、信息技术、计算机网络技术、监控技术等，通过对建筑环境和建筑设备的自动检测与优化控制、信息资源的优化管理，满足用户对建筑物的监控、管理和信息共享的需求，从而使智能建筑具有安全、舒适、高效和环保的特点，达到适应信息社会需要的目标。

近年来，传感测量、通信网络、软件集成等方面的技术日新月异，并逐渐用在智能建筑领域，但传统的以分层中央控制的系统架构并没有改变。现代建筑智能化系统高效运维管理、节能优化运行、信息高效共享、系统组态自动化、系统功能灵活可扩展等方面较20世纪有了更高的要求，传统的分层中央控制架构并不能灵活低成本地适应智能建筑日益增长的功能需求。以清华大学为代表的研发机构在建筑智能化系统新型架构方面开展了不断的探索，提出了基于群智能技术的新型建筑智能化系统平台（下文简称群智能系统），这是国家“十三五”重点研发计划项目“新型建筑智能化系统平台技术”的创新性研究成果。这种群智能系统以扁平化、无中心的系统架构，将分布式计算能力植入到被控系统，即建筑内各种物理场中，区别于传统分层中央控制的智能化系统，为建筑、城市控制管理提供灵活开放的平台，满足使用者、运营者和建设者的不同使用需求。

5.3.1 群智能系统架构

群智能这个概念来自对自然界中昆虫群体的观察，群居性生物通过协作表现出的宏观智能行为特征被称为群智能。比如蜜蜂这种社会性的动物，每一只蜜蜂的功能非常简单，但这些蜜蜂通过协作可以完成非常复杂的工作。同时，由于每只蜜蜂的工作彼此相同，系统功能不依赖于某一只特定的蜜蜂，而是通过蜜蜂之间实现约定好的协作机制自组织地实现宏观的功能；蜜蜂之间可以相互替代备份，系统规模可以灵活扩展。平等，自组织，即插即用，是群智能系统基本特点。

要让智能建筑像蜂群那样工作，需要搞清楚两个问题：(1) 什么是群智能建筑的基本单元？(2) 这些基本单元之间如何协作？

“空间”是建筑的基本单元。所谓“空间”指会议室、办公室、客房、走廊等建筑中的各个区域。在这些区域内部，空调、照明、围护结构、门禁、广播、消防等各种机电设备相互协作，共同营造该区域的声、光、热湿环境，空间内部的设备紧密协作，所以空间内部各种机电设备应该是高度集成控制的。同一类空间单元，如会议室、办公室、客房等，其控制管理需求在不同的建筑中往往可以复制。比如，不同建筑中的会议室虽然具体的设备数量和运行方式可能有所区别，但通常都会有投影仪、灯、插座、空调、遮阳窗帘等，并且这些设备之间的协作需求也相似。因此，可以建立基本单元的“标准化”信息模型，以保证这些群智能系统的基本单元彼此辨识，形成相互协作的基础。当然，除了空间单元，所有为这些空间提供各种“源”的大型机电设备，如冷机、水泵、空调机组、配电柜等，也是可以在不同建筑中复制、可以标准化的单元，它们也是建筑的基本单元。

上述基本单元在建筑内如何协作？应该从控制管理对象，即建筑中的各种物理场的特点出发去思考。在不同基本单元之间，并不是所有设备都需要相互协作，往往是空间临近的单元之间才可能有传热、气流、光线、声音之间的相互影响。这些物理场中是无所谓中心的，只是有个别的节点能量聚集的比较多而已。因此，也就不需要像传统控制系统那样设置各级中心，或者非要保证任何两点之间的 P2P 通信，而是只要保证邻居单元之间的数据交互和协作计算就可以了。

基于上面的分析，可以给每个空间设置一个智能硬件节点 CPN（Computing Process Node）。CPN 是所在区域的“代理”，一方面负责本地的所有设备的智能控制，同时也负责与本区域的邻居 CPN（也只与本区域的邻居 CPN）交互、协作，完成对局部被控系统和环境的分析计算。虽然每个 CPN 都只与邻居协作，但因其总会与邻居连接，整个系统构成了覆盖建筑的计算网络，局部协作也可以实现整体优化。如图 5-5 所示，图中黑色盒子即为 CPN。整个系统是扁平化、无中心的，每个 CPN 节点是平等的，可以随着建筑规模的变化灵活增减，即插即用。

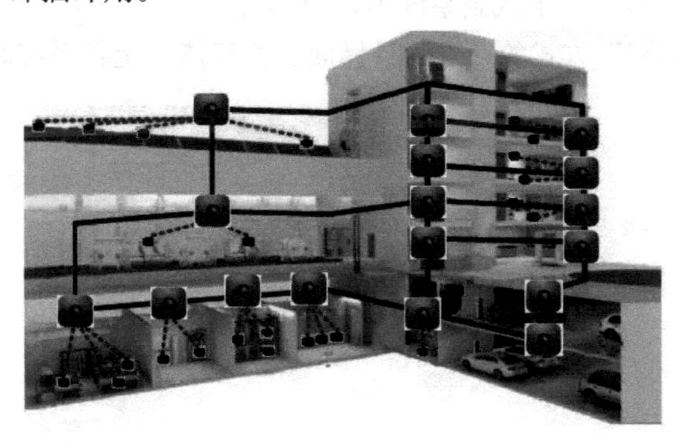

图 5-5　群智能系统示意图

5.3.2　群智能系统的软硬件组成

硬件上，群智能系统由计算网络和末端设备构成。

计算网络由嵌入在建筑空间以及源设备中的 CPN 构成。相邻 CPN 之间有以太网线连接。这些以太网线并不是互联网通信线，而是计算网络中的数据和计算总线。CPN 之间的网络连接拓扑与 CPN 所代表的空间区域的网络拓扑类似。因此整个计算网络的拓扑结构也反映了建筑空间系统的结构模型。对一般建筑来说，建筑的结构和大型机电设备不经常变化。因此，CPN 形成的计算网络也不经常变化，它是群智能建筑智能化系统的骨架。

末端设备是指传感器、执行器、控制面板/人机交互界面等。按照群智能的系统架构，它们必然属于且只属于某一个建筑空间，因此只与其所在空间的代理 CPN 建立连接，向该 CPN 报告数据，并从该 CPN 接受控制指令。由于每个 CPN 中都嵌入了基本单元的标准化信息模型，一旦末端设备与 CPN 建立连接，即建立了与标准化模型中某些信息的对应关系。群智能系统的其他 CPN 和软件就能即插即用地识别和应用这个末端设备。末端设备与 CPN 之间的连接可以采用各种有线或无线通信技术，或者采用传统模拟接口。传感器、执行器、人机交互界面等，会随着建筑用户的需求和管理要求的变化经常被更换。在群智能架构下，它们可以灵活安装或拆除，只要与所在空间的 CPN 建立连接，就能灵活地接入群智能系统，参与到整个系统的优化控制。

软件上，群智能系统也分为两部分：操作系统和应用程序。

建筑中的管理控制任务与建筑功能、业主和用户的需求、管理模式等密切相关，几乎不可能用少数几种固定的控制逻辑去适应日益增长、千变万化的控制管理需求。怎么才能适应各种需求呢？由于各种控制管理任务本质上是某种计算序列。如果所有的计算都能由 CPN 节点协作完成，那么理论上 CPN 构成的计算网络能够完成各种控制管理任务。群智能内置了一套分布计算操作系统（LynkrOS）。这个操作系统协调 CPN 网络中的节点共同完成某个计算，也管理着同一时刻各个节点同步分别进行哪些计算，从而保证整个计算网络能够多线程并行处理多个计算任务，保证计算准确性和计算效率。每个 CPN 节点内都嵌入了此操作系统，或者说此操作系统是由所有 CPN 中嵌入的代码片段共同构成的。该操作系统还提供 API 接口，供应用程序定义计算序列并获得计算结果。

控制策略、分析软件和管理逻辑，是搭载在分布式计算操作系统上的计算序列。只要定义好某个计算序列流程，以及每项计算输入输出参数是前述标准信息模型内的哪个信息，就完成了应用软件设计。下载到系统中，CPN 就会自动执行。

图 5-6 是上述“编程”方式的开发工具界面。群智能系统将系统软件分成操作系统和

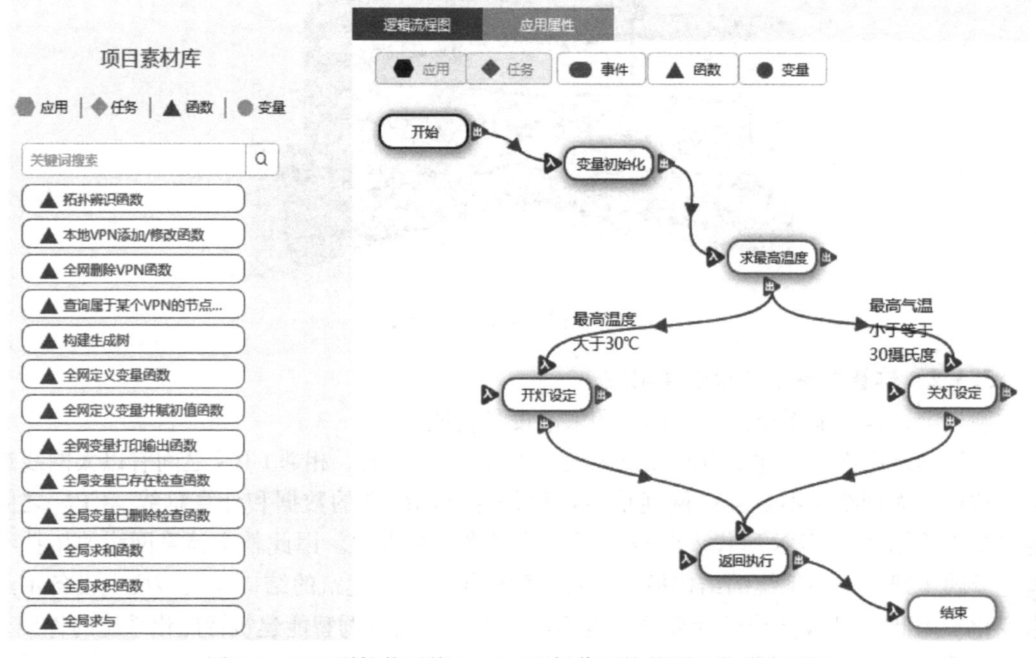

图 5-6　基于群智能系统 LynkrOS 操作系统的图形化编程环境

应用软件两部分，目的是希望降低IT技术门槛，让真正懂建筑机电设备、建筑运行、建筑管理的工程师们能够根据自己的需求进行APP个性化开发；并在群智能自组织、自识别的特点帮助下，让融入了专业知识和经验的各类控制管理策略，无需针对具体项目的二次开发调试，无障碍地广泛应用于各种建筑工程。群智能方案希望改变传统控制策略软件针对具体项目定制化开发的模式，而是让应用软件像智能手机APP那样，即插即用地应用在不同建筑工程项目中。

5.4 新一代信息技术应用

信息技术（Information Technology，IT）是关于信息的产生、发送、传输、接收、变换、识别、处理及控制等应用技术的总称，主要涵盖电子技术、计算机技术、网络技术、通信技术、自动控制技术以及信息服务技术领域。新一代信息技术是指以物联网（Internet of Things，IoT）、信息物理系统（Cyber Physical System，CPS）、移动互联网（Mobile Internet，MI）、大数据（Big Data）、云计算（Cloud Computing）、5G通信技术（5G Communication）等为代表的信息技术。新一代信息技术的发展不仅关注信息领域各种技术的纵向升级，更加关注各种信息技术的横向渗透与融合，尤其是新一代信息技术与建筑行业、工业制造业、交通运输业、金融服务业以及其他多种行业领域的交叉与融合，新一代信息技术研究的主要方向也从产品技术转向以人为本的服务技术。

之所以称为新一代信息技术，“新”在网络互联的移动化和泛在化、信息处理的大数据化和云端化、信息服务的智能化和个性化。新一代信息技术已经在智能建筑、智慧交通、智慧医疗、智慧社区以及智慧城市等多个领域得到广泛应用并展现出广阔的发展前景，为实现从“万物互联”到“万物智联”的跨越找到了有效途径，从而能够为智慧城市建设与运营提供强大的技术支撑和管理保障。

5.4.1 网络互连泛在化和移动化

随着传感技术及信息通信技术的发展，信息网络将会更加全面深入地将现实物理空间与抽象信息空间进行融合，泛在的网络服务将无处不在，并将成为实现更广泛的物与物、人与物、人与人之间相互连接的重要载体。与此同时，无线通信技术的快速发展，使得移动网络的通信能力日益提高，基于移动互联网的移动应用服务将成为互联网应用的主要形式，具有更强大处理能力和更多存储空间的移动智能终端将成为移动计算领域的发展趋势。因此，网络互联的泛在化和移动化，使得互联网的应用从“万物互联”逐步走向“万物智联”。

1. 网络互连泛在化

(1) 物联网

物联网是指把客观世界中的物品与互联网连接起来的一种新型网络架构，其核心是通过各种传感和传输手段，获取并传输客观世界各个实体的重要信息，通过网络进行计算、处理、传输，实现人与物、物与物之间信息交互和无缝连接，并依次实现对物理世界的精确管理、实时控制、科学决策。也就是说，通过物联网把现实的物理世界和虚拟的网络世界有机连接起来，从而改变了物理基础设施与互联网络的分离状态，同时也为物理实体的智能化提供了有效的技术手段。

根据信息生成、传输和应用的原则，物联网架构体系从下至上可分为三层：感知层、网络层和应用层。图 5-7 给出了物联网三层架构模型。

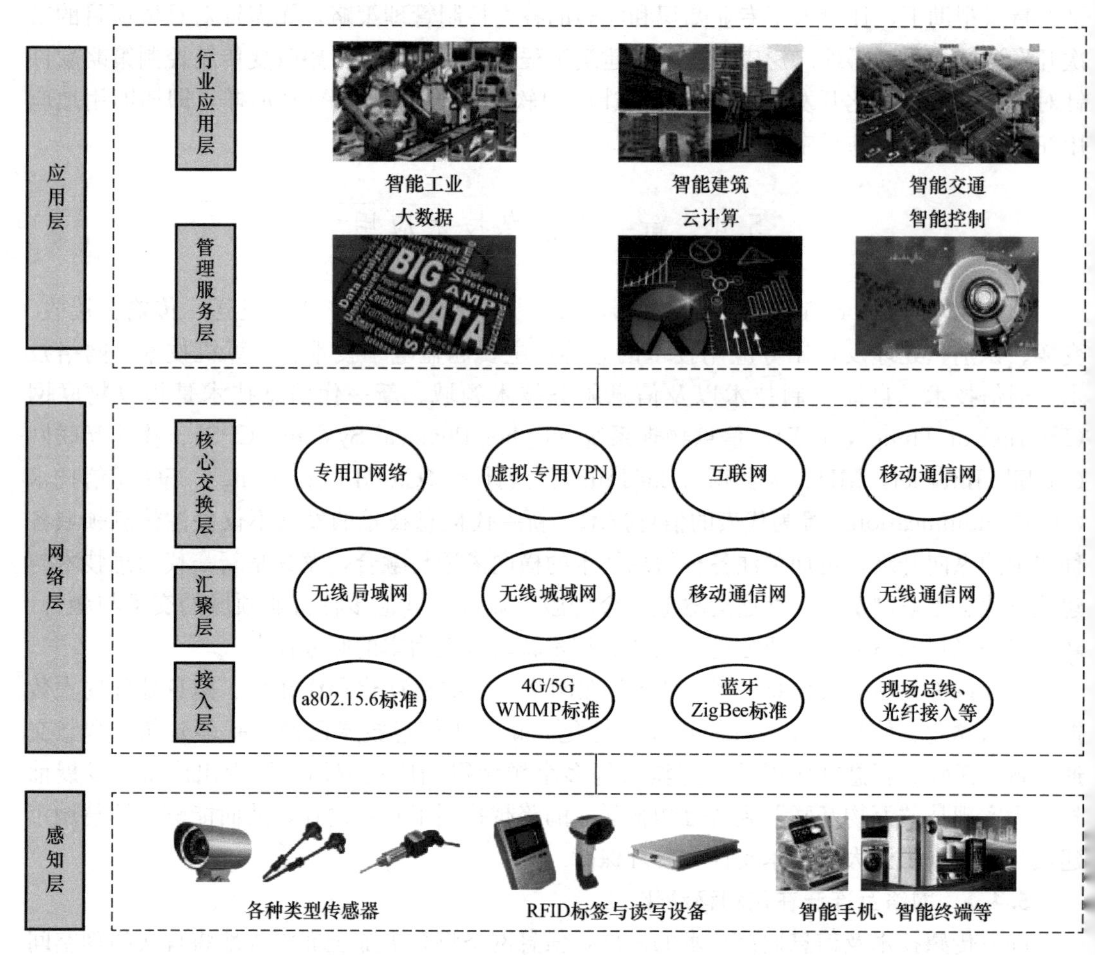

图 5-7　物联网的三层架构

1）感知层。感知层是物理世界与信息世界联系的纽带，物联网感知物理世界的基本手段和方法是通过数据采集来获取信息。数据采集的主要作用是捕获物理世界中发生的事件或动作并以数据进行量化表达，包括各类物理量、标识、音频、视频数据等。物联网的数据采集不仅涉及各类常规传感器，而且还经常使用射频识别（Radio Frequency Identification，RFID）、二维码识别以及实时定位等技术手段，因此信息生成方式多样化是物联网区别于其他网络的重要特征。

2）网络层。网络层的主要作用是接收来自下层（感知层）的数据，并提供给上层（应用层）使用，从而实现更加广泛的互联功能。网络层能够将感知到的信息无障碍、高可靠性、高安全性地进行传送，目前能够用于物联网的通信网络主要有互联网、无线通信网、卫星通信网与有线电视网。便捷的网络接入是实现物与物互联的基础与前提。

3）应用层。应用层是物联网层次架构的最上层，其主要作用是对信息进行处理和对人机交互界面的管理，通过对感知数据的分析和处理，为用户提供应用接口，从而为实现智能化的解决方案提供服务支撑。物联网的典型应用目前已经涵盖智慧城市的多个方面，如智能家居、智慧社区、智能交通、环境监测、智慧医疗等，以及工业监控、绿色农业等众多行业领域。

物联网技术在建筑领域的应用和发展，不仅可以提高建筑能源系统的运行效率、提升建筑的智能化水平，同时也可以为智慧城市提供各种应用服务，包括城市能源监测与能源管理、城市安全管理等，从而有效推进智慧城市的健康发展。图 5-8 给出了某楼宇智能化管理系统，感知层负责从建筑智能化各系统采集实时运行状态数据，包括设备运行状态参数、故障报警信息及业务联动相关的系统状态数据等；网络层通过有线、无线、GPRS 等传输模式将数据传送到数据中心，并在数据服务平台实现汇集；在应用层，按照业务应用的需求，为用户提供应用服务，典型的应用服务包括：统一的数字化管理门户建设、一体化监控、集中安防管理、远程计量和电梯远程监控等高级数据服务应用。

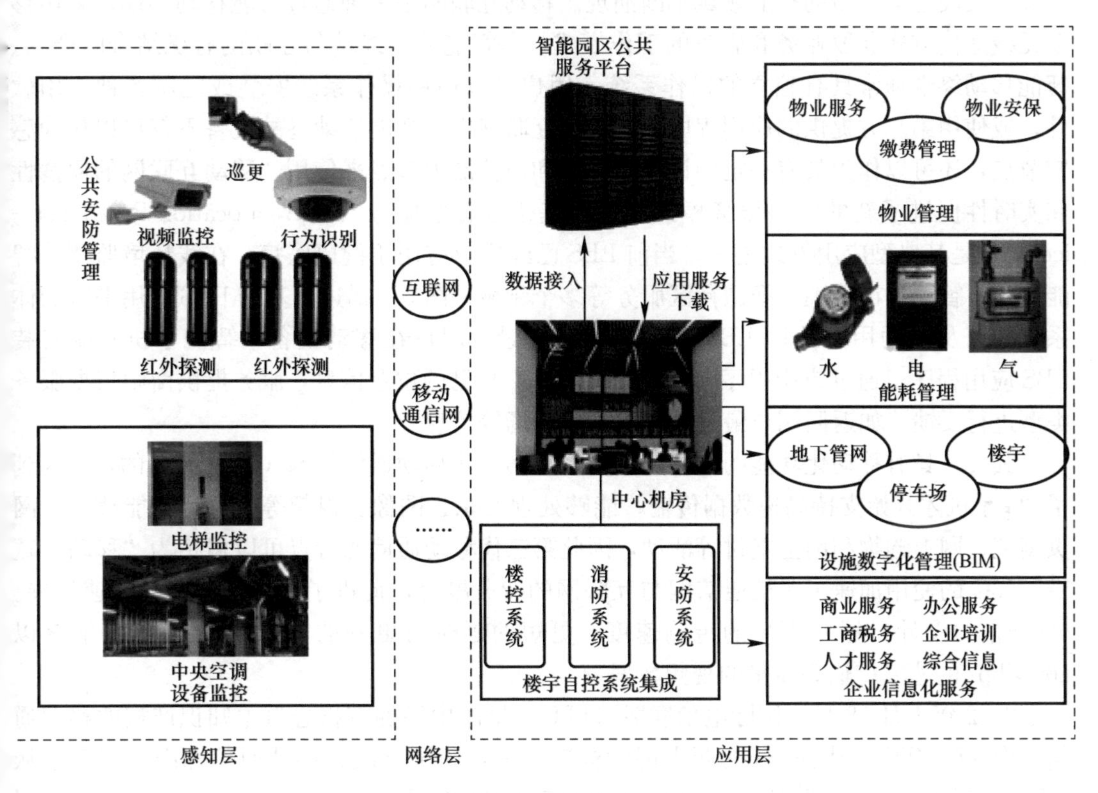

图 5-8 某楼宇智能化管理系统架构

（2）信息物理系统（Cyber-Physical Systems，CPS）

CPS 系统是一种综合计算、网络和物理环境所构成的多维复杂系统。其本质是以“人-机-物”融合为目标的计算技术，以实现人的控制在时间和空间上的延伸。换言之，CPS 系统是一个在环境感知的基础上，深度融合计算、通信和控制能力的可控、可信、可扩展的网络化物理设备系统，它通过计算进程与物理进程的相互影响和反馈循环来实现实时交互，以安全、可靠、高效和实时的方式监测或者控制物理实体。

CPS 是将计算和通信能力嵌入到传统的物理系统之中，导致了计算对象的变化，将计算对象从离散的变成连续的、从静态的变成动态的，从而形成新的智能系统。因此，CPS

是集传感、控制、计算及网络技术于一体，通过网络实现信息系统与物理系统的融合，实现对信息资源的整体优化。CPS系统呈现出如下六大典型特征：数据驱动、软件定义、泛在连接、虚实映射、异构集成、系统自治。物联网强调物与物之间的互联，而CPS是在物与物互联基础上，更强调对物的实时、动态信息控制与信息服务。

从应用角度看，CPS试图打破已有的传感器系统、计算机系统、机器人系统等各种系统自成一体、目标单一、缺乏开放性的缺点，更加注重多个系统之间的互联、互通与相互协作，从而为用户提供智能化、快速响应、满足用户个性化需求的高质量服务。

2. 网络互连移动化

在过去的30多年里，移动通信与网络技术的不断融合，不仅使通信方式从语音业务快速拓展到了宽带数据业务，改变了人们的生活方式，而且深刻地影响着当今社会的经济与文化发展走向，新的行业领域不断涌现。移动互联网是一种通过智能移动终端，采用移动无线通信方式获取业务和服务的工作模式，是智能移动终端与互联网有机结合的产物。智能移动终端通常具有独立的操作系统，用户可以使用操作系统安装或定制各种应用软件，或使用第三方提供的应用程序。在移动互联网中，智能移动终端设备不仅可以作为感知节点，还可以作为具有一定的计算、存储和通信能力节点来使用。移动互联网的便携性和实时性促进了新的网络服务模式发展，基于位置的服务（LBS，Location-Based Services）就是其典型应用方式之一。当前LBS已经广泛应用于健康医疗、在线环境监测、智能交通、智慧城市管理、智慧社区服务等多个领域。图5-9描述了基于LBS应用平台的体系架构以及移动用户使用LBS的具体应用场景。用户在移动设备（智能手机）端安装LBS应用程序，通过应用程序向服务提供商提交自己的位置信息，服务提供商则根据服务类型进行反馈，如返回用户最近的餐馆、停车场等信息。

其实，具有移动化功能的互联网应用是从第三代移动通信技术（3G）开始的，因为到了3G手机才开始支持高速数据传输，能够处理音乐、图像、视频等信息，并能够进行网页浏览、网上购物和网上支付等活动，因此第三代移动通信的特点可以概括为“移动＋宽带”。3G的使用加速了手机通信网与互联网的业务融合，促进了移动互联网的快速发展。4G通信的设计目标是更快的传输速度、更短的延时与更好的兼容性，4G网络能够以100Mbps的速率传输高质量的视频数据。

2012年1月18日，国际电信联盟（ITU）批准中国拥有核心自主知识产权的移动通信标准TD-LTE-A成为4G的两大国际标准之一，我国首次在移动通信标准上实现了从“追赶”到“引领”的跨越。2015年2月，工业和信息化部向中国移动、中国电信、中国联通发放4G牌照，标志着我国4G网络商用时代的到来。4G网络与物联网技术的有机结合，推动了多个行业应用的快速发展，目前典型的应用已经涵盖智能电网、智能交通、智慧医疗、智能家居、智慧安防、智能物流等众多行业领域，并将更深层次地渗透到社会生活的各个方面。

然而，随着应用的不断深入，4G网络的局限性逐步显现，因此移动互联网与物联网的结合就成为未来移动通信发展的强大驱动力，由此推动着移动通信技术从4G向5G发展。同时5G技术的成熟和应用也将使物联网应用的带宽、可靠性与时延的瓶颈得到解决。一方面，物联网规模的发展对4G网络提出严峻挑战，未来全球移动终端联网设备将呈现爆发式增长，大量的物联网应用系统将部署在各种复杂场景中，4G网络与技术已难以适应；

另一方面，物联网性能的发展对 5G 技术也提出了明确需求，物联网已广泛应用于各种行业领域，不同的应用场景对网络传输的延时要求从 1ms 到数秒不等，尤其是物联网对控制指令和实时数据传输，对移动通信网络提出了高带宽、高可靠性与低延时的迫切要求。

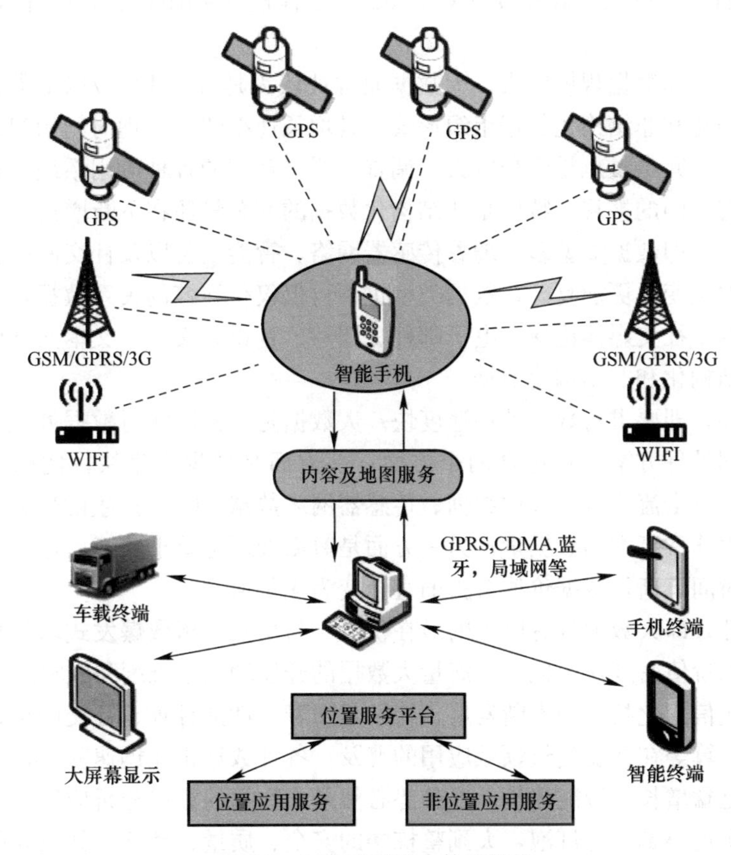

图 5-9　LBS 应用平台体系架构

从整体来看，5G 通信网络已经将物联网纳入到整个技术体系中，5G 的技术指标与智能化程度远远超过 4G，因此 5G 技术的发展与应用将大幅度推动物联网“万物互联”的进程。2019 年初，上海已率先启动了 5G 网络的试用，实现了基于现网升级的 5G 核心网，其应用将聚焦于车联网（无人驾驶）、实时计算机图像渲染与建模（云 VR/AR）、智能制造、智慧能源、智慧医疗、城市安全、无人机巡航、个人 AI 辅助等十大领域。

5.4.2　信息处理大数据化和云端化

伴随着新一代信息技术发展浪潮的到来，移动互联、社交网络等应用极大扩充了互联网领域的应用范围，云计算（Cloud Computing）和大数据（Big Data）逐渐成为人们关注的热点，信息处理呈现大数据化和云端化的特征。传感器技术和存储技术的发展降低了数据采集和存储的成本，使得可供分析的数据爆发式增长，海量、多模态、快速变化的数据集称为大数据，如何有效挖掘大数据的价值已成为新一代信息技术发展的重要方向。

1. 信息处理大数据化

通常将传统软件和数据库技术难以处理的海量、多模态、快速变化的数据集称为大数据。大数据强调的不仅是数据的规模，更强调从海量数据中快速获得有价值信息和知识的能力。大数据的应用涉及各行各业，例如互联网金融、舆情与情报分析、机器翻译、图像与语音识别、智能辅助医疗、商品和广告的智能推荐等方面。一般认为，大数据主要具有以下四个方面的典型特征：规模性（Volume）、多样性（Varity）、高速性（Velocity）和价值性（Value）。

（1）规模性，即数据规模巨大。大数据通常被认为是具有 PB 级以上数据规模，包括结构化、半结构化和非结构化数据组织形式，且增长速率快，处理时间敏感的数据；在这些庞大的数据中，冗余量也是十分巨大，调查表明，现有的各种应用系统中存在大量重复数据，并且随着时间的推移，特别是非结构化数据的冗余量还在不断增长。

（2）多样性，即数据类型多。随着传感器网络、智能设备以及社交网络技术的飞速发展，产生的数据也变得更加复杂，数据类型也不再仅仅是纯粹的关系数据，其中还包括了大量来自互联网、社交媒体论坛、电子邮件、图片、音视频文件、文本文件以及传感器数据等原始、半结构化和非结构化数据。

（3）高速性，即要求对数据处理速度快。大数据是一种以实时数据处理、实时结果导向为特征的数据处理方案。它包含两个方面：一方面是数据产生快，例如，当用户众多时，对于网络的点击流、日志文件数据、传感器网络数据、GPS 产生的位置信息等，在短时间内可以产生非常庞大的数据量；另一方面是数据处理也要求快速，这是由于数据具有时效性，随着时间流逝，数据价值会折旧甚至变为无价值。

（4）价值性，即大数据具有巨大的潜在价值。与呈几何指数爆发式增长相比，某一对象或模块数据的价值密度比较低，给海量大数据的开发增加了难度和成本。

随着新一代信息化技术的不断发展，特别是随着高性能计算、社交网络、物联网、移动互联网、云计算等在智能建筑领域应用的普及，各种数据正在迅速膨胀，其产生的信息量呈现指数式迅猛增长，智能建筑发展趋势必然是大数据的集成分析应用。将来智能建筑场景完全可以实现小到一个灯泡，大到整栋楼的安全、质量、环境，甚至人的行为都可以通过楼宇的大数据系统来预测。以商业建筑领域为例，视频监控除了用来保障公共场所的安全，还被商家用来作为数据采集的工具，通过将摄像机所采集到的消费者购物图像信息转化为结构化数据，并在后端大数据平台进行海量数据的分析，可以对消费者的购物喜好、购物特征等进行分析评判，以作为商家的商业运营决策依据。在智慧社区，将社区用户的衣食住行等信息收集起来并进行分析处理，可以发挥重要的商业价值。通过将大数据与智慧社区平台相结合，不仅可以提升物业管理服务，而且可为社区居民提供包括购物、医疗、教育、交通出行等全方位的便民服务。

2. 信息处理云端化

云计算是一种新的网络工作模式，它将服务器集中在云计算中心，统一调配计算和存储资源，通过虚拟化技术将统一的服务器集群逻辑化为多台服务器，高效率地满足众多用户个性化的并发请求。作为一种基于互联网的计算方式和服务模式，通过整合利用大量的计算机资源（存储与计算资源等），云计算可实现大规模的数据协作与资源共享，能为用户提供基础设施、计算平台和软件服务，具有按需服务、多种方式接入、资源虚拟化共享、弹性计算能力和按量计费的特点。

云计算是一种新颖的计算模式，它能够随时随地、方便快捷、按需地从可供配置的资源共享池中获取所需的资源，这些资源的类型包括服务器、计算、存储、网络、应用服务等。同时，所有资源能够及时响应以供用户服务，并且有合理的释放措施，用于保证资源的使用和管理工作与服务提供商交互代价的最小化。一种典型的云计算体系结构如图 5-10 所示，由应用层、平台层、资源层、用户访问层和管理层组成。

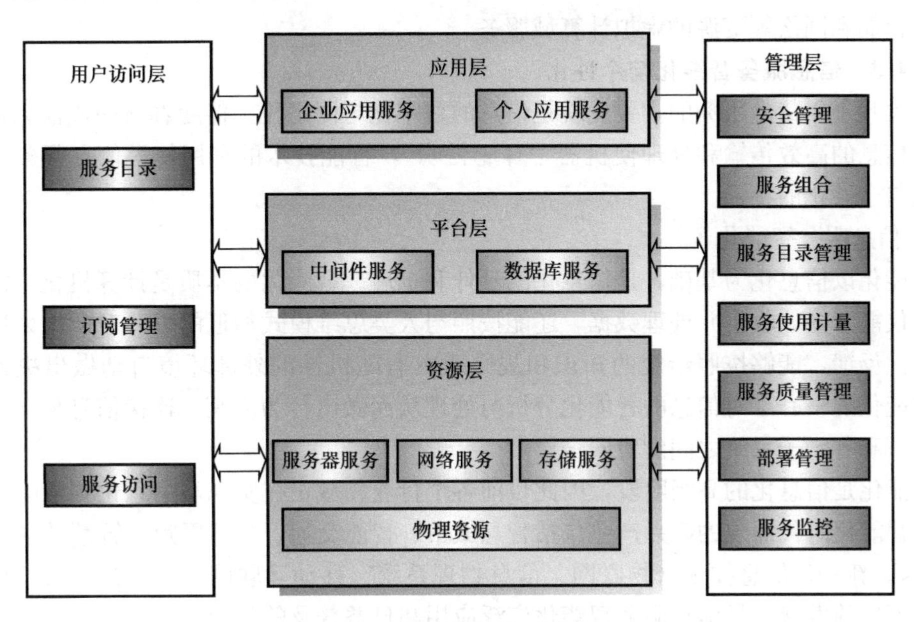

图 5-10 云计算体系结构

（1）资源层。该层中有两种类型的资源：物理资源和虚拟资源。物理资源包括云计算体系结构必备的计算机、服务器、存储设备、网络设备和数据库等，用于实际响应和处理用户的访问需求；虚拟资源则将底层的同构物理资源进行处理，以便对资源进行高效、统一的管理和操作。

（2）平台层。平台层将资源层提供的服务进行封装，为用户提供开发工具、数据库管理平台、中间件服务和软件架构等管理功能。平台层将封装良好的服务提供给上层应用的同时，也负责对底层资源进行统一的管理。

（3）应用层。应用层是云计算厂商为用户提供的各类服务，包括 Web 服务、多媒体服务、邮件服务和通信服务等。用户可以通过随时随地的网络连接，访问所需要的服务。

（4）用户访问层。用户访问层主要为用户提供访问具体服务的多样化接口。用户利用特定的服务访问接口，通过网络与云计算厂商相连并且获取所需服务的内容。用户可以分为个人用户和企业用户，各自的访问接口规范可以根据访问频率、内容大小和安全性等要求进行定义。

（5）管理层。管理层负责的功能贯穿整个云计算体系结构，提供整个云计算体系结构的部署、资源、监控、安全和用户访问等管理功能。

云计算本质是通过网络提供服务，根据云计算供应商所提供的服务类型的不同，云计算有以下三种主要服务模式。

软件即服务（Software as a Service，SaaS）。位于最顶层，它可以为租户提供运行在云基础设施上的软件服务，如邮件、文档编辑等通用服务或财务、医疗等行业服务。

平台即服务（Platform as a Service，PaaS）。位于中间层，提供的服务是Java、PHP、Python等编程语言的开发接口及附属的数据库资源等，具有开发能力的编程人员作为租户可以利用这些资源制作网站或应用并对公众提供服务。

基础设施即服务（Infrastructure as a Service，IaaS）。位于最底层，为租户提供具有计算、存储和网络等资源的虚拟计算域服务。

5.4.3 信息服务智能化与个性化

过去几十年信息服务的主要成就是信息的数字化与网络化。伴随着新一代信息技术的发展，信息的高效传输和处理使机器“耳聪目明”，智能技术的利用使得信息服务呈现出智能化与个性化的特征。

1. 信息服务智能化

智能化以信息化为基础，是信息化的延伸和扩展。智能化的本质是计算机化，意味着机器不仅能感知、收集并处理数据，还能按照与人类思维模式相近的方式对数据处理结果进行再次反馈，能够按照给定的知识和规则对具有随机性的外部环境自动做出决策并执行。智能化的核心是对信息的智能化分析与处理从而做出行为决策，连接信息孤岛，实现数据共享和各个子系统之间的协同合作。

智能化是信息化的高级阶段，因此目前各个行业领域正在实现从信息化到智能化的升级。在智能化时代涌现的新兴产业包括智慧城市、智能交通、智慧医疗、智慧社区以及智能IC卡。新一代信息技术（物联网、信息物理系统、移动互联网、大数据、云计算、人工智能等）的发展，是信息服务智能化广泛应用和日益普及的基础。

在公共服务领域，智能交通、智慧医疗及智慧社区等主要体现出智能化分析与自主决策的特点。例如在交通领域，传统交通存在较多问题，如交通违法行为日益增多，尤其是机动车闯红灯、超速等行为对行人和其他车辆带来重大安全威胁；违章停车；道路交叉口的通行能力不足；高峰时段交通堵塞；机动车尾气排放等。通过增加路网能力来解决交通问题的传统措施已远远不能满足要求。在新一代信息技术发展的基础上，智慧交通逐渐兴起，在交通领域中充分运用物联网、云计算、人工智能、自动控制、移动互联网等现代电子信息技术组成交通运输的服务系统。

智慧交通的概念框架如图5-11所示，主要由感知层、网络层和应用层三个层次组成。服务智能化的范围覆盖信息的整个生命周期，包括对信息的获取、传输、处理、存储和理解的整个过程。

感知层主要是对信息感知和监测，主要包括传感器、射频标签、识读器、摄像头、全球定位系统、车载智能终端设备等，用以实现对人、车、路与环境等状态信息全面感知，如车辆的行驶速度、路网中的交通流量、交通密度、车牌号码、行驶时间与行程距离等。网络层由覆盖整个城市范围的互联网、通信网、广电网等融合构成，主要负责将由感知层获取的原始数据传输至后台信息中心，实现车与车、车与路侧单元、路侧单元与后台服务器间的通信互联。应用层是在感知、监测、数据处理等的基础上，实现行为决策智能化。应用层中的管理服务子层主要通过云计算与大数据技术实现信息的有效、科学处理，其超强的计算能力、动态资源调度、按需提供智能化服务以及海量信息集成化管理机制，可以有效地丰富交通信息服务内容，提高信息传递的可达性与准确度。服务的智能化应用主要体现在交通服务智能化与交通管控智能化。

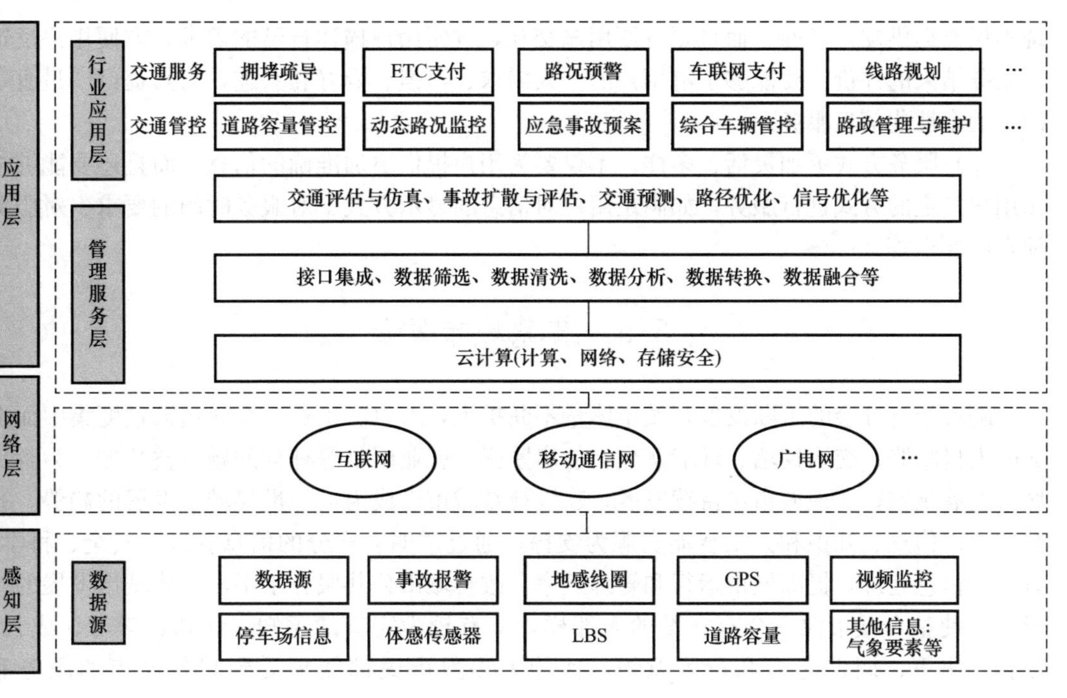

图 5-11 智慧交通概念框架

由图 5-11 可知，感知层与网络层完成了信息的智能化感知，应用层通过云平台和数据库完成对数据的智能分析与处理，然后做出智能的行为决策，从而实现数据流从产生到使用者反馈的全生命周期的智能化处理。信息服务智能化的核心是对信息的智能化分析与处理从而做出行为决策。例如通过对交通流信息的数学建模和对交通数据的智能分析，智能交通管控系统可实时和持续地集成城市网络来自不同部门的各种道路和交通相关信息(例如城市公路图、公共交通行车路线和时刻表、收费站点图等)，收集可能影响未来交通流量的各种事件，通过城市路网时空模型，根据不同时间段，分析和预测不同的交通流量，为行车人员判定并提供路线建议。市政部门也可以根据城市道路信息监控，适时引导车流，合理分散道路压力；遇到突发情况的时候，可以联动城市应急系统指挥中心，统一指挥，调配周边急救资源，安排和控制车流量，迅速实施救援。

2. 信息服务个性化

世界信息产业正迎来继计算机、互联网后的第三次浪潮，以用户体验为核心的应用创新是新一代信息浪潮的灵魂。基于新一代信息技术的信息服务环境，以大数据、云计算、移动互联、智能终端等新技术开展“量身定制”服务，社会对信息的需要逐渐呈现出个性化的要求。信息服务个性化就是基于用户的行为、习惯、偏好及特点等，向用户提供满足各种个性化需求的一种服务。其核心思想是在尊重用户个体的基础上，研究用户的行为习惯，帮助用户选择更重要、更合适的信息资源，为用户提供特色的服务。

信息服务个性化主要有以下三个特点：

(1) 以用户为中心，所有的服务以方便用户、满足用户需求为前提，针对不同用户采用不同的服务策略和方式，提供不同的信息内容。

(2) 允许用户充分表达个性化需求，能够对用户的需求行为进行挖掘。信息服务的系统不仅要提供友好界面，而且要方便用户交互，方便用户描述自己的需求，方便用户反馈对服务结果的评价。要能够了解用户的个人需求、习惯、爱好和兴趣，为其提供“量身定制”的个性化信息服务。

(3) 服务方式更加灵活、多样。不仅要为用户提供更加准确的信息，而且还要能够按照用户指定的方式进行服务，如满足用户对信息的显示方式、对服务时间的要求、对服务地点的要求等。

5.5 智慧城市发展

随着经济社会的不断发展，城市体量不断扩大，人口、工业、交通运输过度集中而造成的人口膨胀、交通拥堵、环境恶化、住房紧张、就业困难等种种问题日益严峻。为解决城市发展难题，实现城市可持续发展，建设智慧城市已成为当今世界城市发展的趋势。智慧城市以信息、知识和人工智能资源为支撑，通过透明、充分的信息获取，安全、科学、有效的信息处理，提高城市运行和管理效率，改善城市公共服务水平，构建城市发展的新形态，使整个城市像一个有智慧的人那样，具有较为完善的感知、认知、学习、成长、创新、决策、调控能力和行为意识，使绝大多数市民都能享受到智慧城市的服务和应用。

5.5.1 智慧城市的概念及特征

1. 智慧城市的概念

智慧城市（Smart City）运用信息和通信技术手段，感知、分析、整合城市运行系统的各项信息，从而对包括民生、环保、公共安全、城市服务、工商业活动在内的各种需求具有智能响应功能，其本质就是利用先进的信息技术，以最小的资源消耗和环境退化为代价，能够实现最大化的城市经济效率和更好的生活品质。

智慧城市是一种发展目标，也是一种发展模式。作为发展目标来说，它是信息时代的现代城市对于未来的设想，要更加宜居、宜工作、宜生活，更加富有活力，更加具有吸引力和竞争力。作为发展模式来说，它要改变以往依赖资源投入带动城市发展的粗放模式，通过对新技术的应用，促进多方参与，优化资源配置，提升生产效率，用更少的资源创造更多的价值。同时，智慧城市也是一个发展过程，它是一个城市基于现有基础，不断推陈出新、不断发展完善的过程。随着科学技术发展和人们认识水平的提升，智慧城市的内涵将会不断丰富，智慧城市将成为一个城市的整体发展战略，作为经济转型、产业升级、城市提升的新引擎，达到提高民众生活幸福感、企业竞争力、城市可持续发展的目的，体现了更高的城市发展理念和创新精神。

智慧城市整体框架如图 5-12 所示，主要由感知层、网络层、平台层和应用层四个层次组成。

感知层主要侧重于信息感知和监测，通过全面覆盖的感知网络透明、全面地获取各类信息，实现智能化的感知。

网络层由覆盖整个城市范围的互联网、通信网、广电网和物联网融合构成，实现各类信息的广泛、安全传递。

平台层由各类应用支撑公共平台和数据中心构成，实现信息的有效、科学处理。

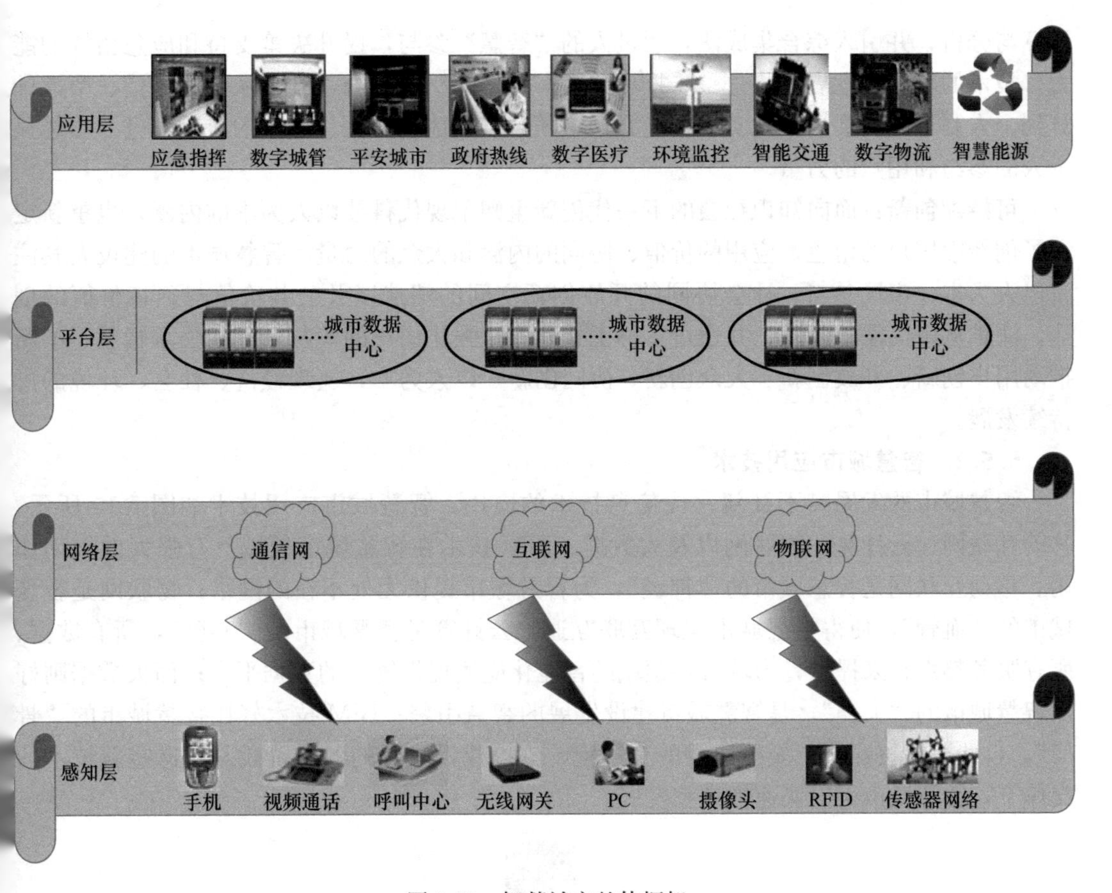

图 5-12　智慧城市整体框架

应用层则涵盖智慧政务、智慧城管、智慧教育、智慧家居、智慧小区、智慧医疗、智慧园区、智慧商业等各个领域的综合、融合应用，由专业的应用提供商提供政府服务、企业服务、居民服务等多种智慧城市应用，如政府热线、应急指挥、平安城市、数字物流、数字医疗、环境监控、数字城管、智能交通、智慧能源等，这些应用与城市发展水平、生活质量、区域竞争力紧密相关，并推动城市可持续发展。

2. 智慧城市的特征

智慧城市的四大基础特征体现为：全面感知、全面互联、智能融合、可持续创新。

全面感知：通过传感技术，实现对城市管理中各个方面的监测和全面感知。智慧城市利用各类感知设备和智能化系统，随时随地智能识别、立体感知城市的环境、状态、位置等信息的全方位变化，对感知数据进行融合、分析和处理，并能与业务流程智能化集成，继而主动做出响应，促进城市各个关键系统和谐高效运行。

全面互联：各类宽带有线、无线网络技术的发展为城市中物与物、人与物、人与人的全面互联、互通、互动，以及城市各类随时、随地、随需、随意应用提供了基础条件。宽带泛在网络作为智慧城市的“神经网络”，极大增强了智慧城市作为自适应系统的信息获取、实时反馈、随时随地智能服务的能力。

智能融合：现代城市及其管理是一类开放的复杂系统，新一代全面感知技术的应用更增加了城市的海量数据。基于云计算，通过智能融合技术的应用实现对海量数据的存储、计算与分析，并引入综合集成法，通过人的“智慧”参与，提升决策支持和应急指挥的能力。技术的融合与发展还将进一步推动“云”与“端”的结合，推动从个人通信、个人计算到个人制造的发展，推动实现智能融合、随时、随地、随需、随意的应用，进一步彰显个人的参与和用户的力量。

可持续创新：面向知识社会的下一代创新重塑了现代科技以人为本的内涵，也重新定义了创新中用户的角色、应用的价值、协同的内涵和大众的力量。智慧城市的建设尤其注重以人为本、市民参与、社会协同的开放创新空间的塑造以及公共价值与独特价值的创造。注重从市民需求出发，并通过多种工具和方法强化用户的参与，汇聚公众智慧，不断推动用户创新、开放创新、大众创新、协同创新，以人为本，实现经济、社会、环境的可持续发展。

5.5.2 智慧城市应用技术

智慧城市的发展离不开新一代信息技术的应用，智慧城市应用技术如图 5-13 所示。移动互联网、云计算、物联网以及大数据、BIM 技术在智慧城市领域具有强大的推动作用。移动互联网是智慧城市的“神经”，为智慧城市提供无处不在的网络；物联网是智慧城市的“血管”，使得智慧城市实现互联互通；云计算是智慧城市的“心脏”，所有数据、所有服务都由它来提供，为城市各领域的智能化应用提供统一的数据平台；而大数据则好比智慧城市的“大脑”，是智慧城市建设发展的智慧引擎；BIM 技术好比智慧城市的“骨架”，自始至终贯穿智慧城市建设的全过程，支撑建设过程的各个阶段。在这些新技术的支撑下，智慧城市得以快速推进和发展。

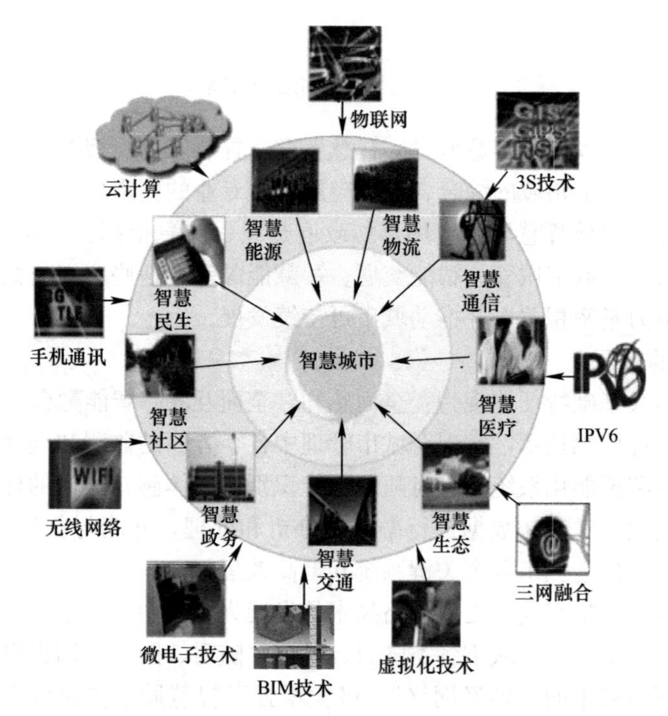

图 5-13 智慧城市应用技术

1. 物联网在智慧城市中应用

物联网能够全面感知，通过射频识别（RFID）、传感器、二维码等实现可靠的传递和智能控制及处理，实现人与人、人与机器、机器与机器的互联互通，实现智慧城市的各种应用。例如，智慧医疗通过打造健康档案区域医疗信息平台，利用先进的物联网技术，实现患者与医务人员、医疗机构、医疗设备之间的互动，逐步达到信息化，使患者享受安全、便利、优质的诊疗服务。今后，无论身处何地，健康状况被实时监控都能在远距医疗技术下实现。智能安防实现安全防范系统自动化监控管理，住宅的火灾、有害气体泄漏探测报警系统通过感烟、感温及可燃气体探测器自动探测报警。防盗报警系统通过红外或微波等各种类型报警探测器进行探测报警。智慧商圈是涵盖“智慧商务”“智慧营销”“智慧环境”“智慧生活”“智慧管理”“智慧服务”的智慧应用大平台，是智慧城市的重要组成部分。智慧商圈建设如今已经成为商务发展、突破瓶颈的新方向。近年来，很多城市大力发展传统商圈升级转型为智慧商圈，在促进商务发展的同时，也为市民日常生活带来了便利和实惠。智慧文创，基于物联网、云计算等新一代信息技术、工具和方法的应用，对文化创意产业产生深远的影响。

2. 移动互联网在智慧城市中的应用

用户通过移动互联网可以随时随地使用随身携带的移动终端（智能手机、平板电脑、笔记本电脑等）获取互联网服务。移动互联网以其移动化、宽带化、融合化、便携化、可定位、实时性等特征为用户工作和生活带来了极大的便利。例如，用户可以通过移动终端实时查询路况等信息，帮助制定出行计划，还可以实时查询地图信息，帮助找到目的地。移动互联网实现了互联网、移动通信网和物联网三者的融合，将各个方面有机联系在一起。

3. 大数据在智慧城市中的应用

在大数据及“互联网+”背景下，大数据是智慧城市的核心资源。智慧城市建设成效高低，取决于大数据资源利用深度与广度。没有大数据，就没有众多面向政务、产业和民生的智慧应用，智慧城市也就成了“空中楼阁”。因此，建设智慧城市，从顶层设计到基础设施，再到运营管理，都必须坚持大数据为主的思想，才能取得成功。

智慧城市的“慧”就在于数据，基于数学工具建立模型，对数据进行筛选，在此基础上针对智慧城市中不同数据用途，提出科学的推理方法，构建智慧城市运行的各项应用系统，最终实现智能决策。例如，从医院的就诊数据中，可分析传染病发病前期模式；通过分析处理历年来的车流量等交通数据，可以提取预测交通拥堵发生的时间和地点，为及时预警和疏散交通压力提供重要的预测性参考等，这些都是大数据应用的案例。

4. 云计算在智慧城市中的应用

智慧城市系统是由多种行业、多个领域、城市复杂系统组成的综合系统，其多个应用之间存在信息共享、交互的需求，需要抽取各个应用系统的数据来进行综合计算以便为城市管理者、企业领导者、城市普通居民提供决策的依据。这些相互联系、密不可分的系统需要多个强大的信息处理中心对各种信息进行处理。云计算技术以其低成本、虚拟化、可伸缩、多租户的特点，可以帮助解决智慧城市建设中需要大规模分布式数据管理、面向服务应用集成以及快速资源部署等问题，其应用如图5-14所示。

5. BIM技术及其在智慧城市建设中的应用

（1）BIM技术概念

BIM（Building Information Modeling）是在计算机辅助设计（CAD）等技术基础上发展起来的多维模型信息集成技术，是对建筑工程物理特征和功能特性信息的数字化、可视化描述。BIM 就是利用创建好的 BIM 模型提升设计质量，减少设计错误，获取、分析工程量成本数据，并为施工建造全过程提供技术支撑，为项目建设各方提供基于 BIM 的协同平台，有效提升协同工作效率。确保建筑全生命周期内能够按时、保质、安全、高效、节约完成，并且具备责任可追溯性。

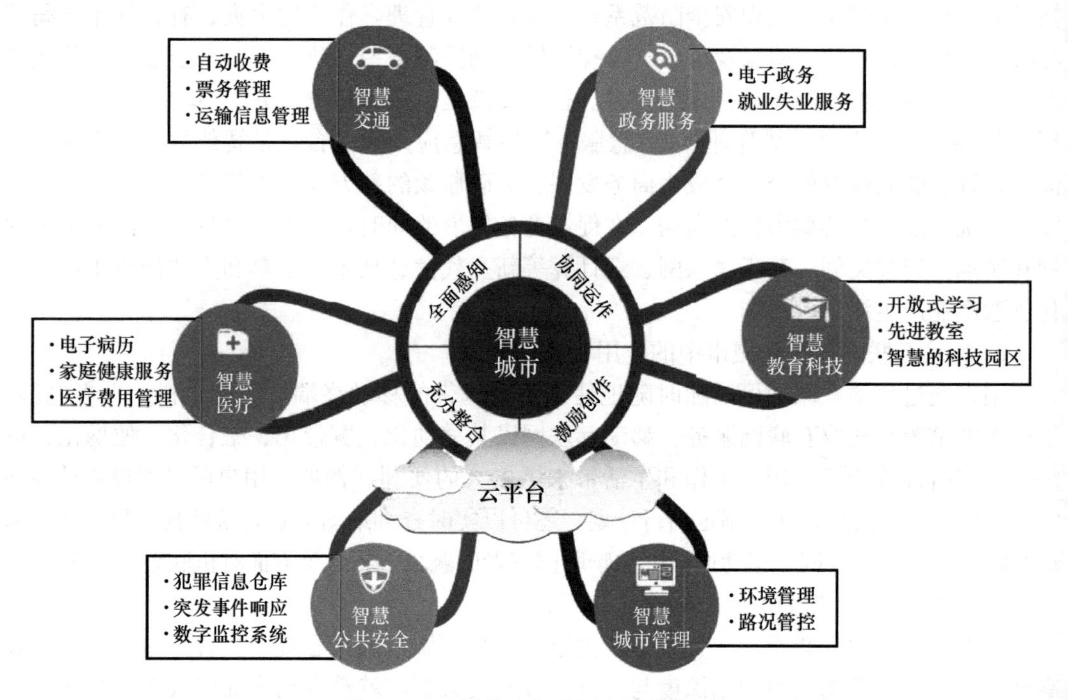

图 5-14　云计算在智慧城市中的应用

BIM 技术是一种应用于工程设计建造管理的数据化工具，通过参数模型整合各种项目的相关信息，在项目策划、运行和维护的全生命周期过程中进行共享和传递，使工程技术人员对各种建筑信息作出正确理解和高效应对，为设计团队以及包括建筑运营单位在内的各方建设主体提供协同工作的基础，在提高生产效率、节约成本和缩短工期方面发挥重要作用。

BIM 技术特点：

可视化：BIM 能够实现可视化处理，为人们提供更加直观、形象的空间情况，帮助设计师对设计方案进行调整；

协同性：BIM 模型作为建筑各专业协调下的产物，利用该技术不仅能够进行独立设计，还能够进行多专业设计，且能够配合专业知识更新，确保设计信息传递准确性；

模拟性：通过 BIM 进行模拟实验，不仅能让设计更具备真实感，也为施工阶段的操作做出指导，而且可以进行 5D 模拟，有助于成本控制；

优化性：BIM 模型能为建筑物的实际情况提供准确信息，可以通过数字化智能解决施工中出现复杂问题，减轻施工人员工作压力，提高施工效率；

出图性：BIM 图纸是对建筑物进行了可视化展示、协调、模拟与优化后结果，更具有可操作性，减少施工成本与工作周期。

（2）BIM 技术在智慧城市建设中的应用

智慧城市在建设过程中最重要的一项内容就是信息化建设，而在构建智慧城市过程中建设工程领域的信息化发展更显得重要。BIM技术可以自始至终贯穿建设的全过程，支撑建设各个阶段，实现全程信息化、智能化协同模式。

1）全面感知

智慧城市系统的搭建需要利用各类感知设备和智能化系统，以便智能识别、立体感知城市的环境、状态、位置等信息。全方位、动态了解变化特征，对感知数据进行汇总、分析和处理，并能与业务流程智能化集成，可促进城市各个关键系统和谐高效的运行。BIM作为全开放的可视化多维数据库，是数字城市各类应用的极佳基础数据平台。

2）智能融合应用

对城市海量数据的集成、分析和计算，是智慧城市系统的大脑，大数据是提出正确决策支持的基础。BIM基于海量数据的数据可视化、开放共享性，以及与“云”计算的无缝连接，可保证数据随时、随地、随需、随意的决策和应用。

3）信息共享互联

智慧城市建设需要的基础是网络互联互通，信息集成共享。主旨在于建立物与物、人与物、人与人的全面互联、互通、互动。BIM开放的数据结构结合IT技术，可为此目标的实现提供多维度的数据基础；为自适应系统的信息获取、实时反馈、随时随地智能服务提供有力的数据支撑。

4）可持续拓展应用

智慧城市建设注重以人为本、社会协同的创新空间、公共价值的创造，需要随着经济、社会和环境的发展持续进行成长。BIM作为一个可以不断进行多维度数据拓展的信息承载器，可为系统的拓展、成长奠定坚实基础，有效避免系统应用延伸时进行系统重构。

智慧城市是一个不断发展的概念，是城市信息化发展到一定阶段的产物，随着科学技术、经济社会发展不断提高与完善。借助大数据、云计算、物联网、地理信息技术、移动互联网等新一代信息技术的强大驱动，发展智慧应用，建立一套崭新的、可持续的城市发展模式，从而勾勒出一幅未来“智慧城市”的蓝图。

第 6 章　建筑电气与智能化专业的执业范围与执业制度

在第 1 章关于专业应用的介绍中可知“建筑电气与智能化”专业毕业生就业主要面向建筑行业工程单位，从事工业与民用建筑电气及智能化技术相关的工程设计、工程建设与管理、运行维护等工作，并可从事建筑电气与智能化技术应用研究和开发。本章主要介绍对执业资格有要求的工程设计、工程管理和工程运维的执业范围与执业制度。

6.1　执 业 范 围

本专业的执业范围包括建筑电气工程与建筑智能化工程的工程设计、工程管理（包括工程施工管理及工程监理）、设备系统运维管理以及工程经济等。

6.1.1　建筑电气与智能化工程设计

1. 建筑电气与智能化工程设计概述

工程设计是根据建设工程的要求，对建设工程所需的技术、经济、资源、环境等条件进行综合分析、论证，编制建设工程设计文件的活动。建筑电气与智能化工程设计是以建筑为平台，以电气技术为手段，利用现代的科学理论和电气技术（含电力技术、信息技术和智能化技术等）对电能的产生、传输、转换、控制、利用及对各类智能化信息的综合应用进行编制工程设计文件的活动。

建筑电气与智能化工程设计分为方案设计、初步设计、施工图设计和施工图的设计审查四个阶段。方案设计也叫可行性研究，据此确定项目的经济效益或社会效益，是项目是否继续开展的依据；工程初步设计是对国有投资或复杂工程在方案设计指导下确定工程电源、供电、智能化系统及主要设备选型，为下一步的施工图设计提出具体要求；施工图设计对建筑电气与智能化各系统，包括线路路径等进行详尽地设计，最终的设计成果由设计图纸和设计计算书组成，达到指导工程施工的目的。施工图的设计审查是我国为了加强对建筑工程安全性监管而设立的由独立于设计部门之外的第三方审查机构按照有关法律、法规，对施工图涉及公共利益、公众安全和工程建设强制性标准的内容进行审查。

建筑电气与智能化工程设计是整个建筑工程设计的一部分，需要与建筑、结构、给水排水、暖通动力多个专业配合，在整个设计阶段都要互提资料、互有要求、密切配合才能保证工程设计和施工质量。建筑电气与智能化工程设计的依据是国家现行的专业规范（GB）、行业规范（JGJ）、地方标准（DB）、项目所在地的供电、电话、电视、互联网络部门的相关规定、建设方的设计任务书及设计院相关专业互提的技术条件。

2. 建筑电气与智能化工程设计的内容

建筑电气与智能化工程设计的内容包括供配电工程设计、电气照明工程设计、防雷接地系统设计、建筑智能化系统设计。

(1) 供配电工程设计

供配电工程设计以贯彻执行国家的技术经济政策、保障供配电可靠、安全和简洁为原则（可靠性是指保证在各种运行方式下提高供电的连续性；安全性是要保证在电气系统运行时系统、工作人员和设备安全，以及在安全条件下进行维护检修；简洁性力求电气系统简单，避免误操作），按照负荷性质、用电容量、工程特点和地区供电条件，统筹兼顾，合理确定设计方案。在制定方案时要根据工程特点、规模和发展规划，做到远近期结合，在满足近期使用要求的同时，兼顾未来发展的需要，采用符合国家现行标准的高效节能、环保、安全、性能先进的电气产品，保证技术先进和经济合理。

1) 确定负荷性质

电力负荷根据对供电可靠性的要求及中断供电在对人身安全、经济损失上所造成的影响程度进行分级，负荷等级由高到低可分为一、二、三级。一、二级负荷均要求有应急电源，应急电源的种类包括独立于正常电源的发电机组、供电网络中独立于正常电源的专用的馈电线路、蓄电池及干电池。一级负荷中的特别重要负荷还要求有第三电源。

2) 负荷计算

根据建筑供电的负荷等级、性质、容量确定电源（含应急电源）种类、供电电压及供电系统之后，按负荷等级、性质（居住类、商业类、工业类等；高层、多层）对负荷分类（消防、非消防、照明、动力）进行负荷计算。负荷计算的主要内容：设备容量、计算容量、计算电流和尖峰电流。根据计算结果选择变压器、柴油发动机容量、台数、开关、导线等设备的型号及规格，确定低压侧供电干线的回路数、每回路的容量。

3) 变电所设计

按工程需要确定是否设置变电所，如有变电所要分别进行高低压系统和变电所继电保护设计。通常变电所高压进户以10kV居多，经过变压器变压后变为0.4/0.23kV。变电所的设计内容同时还应考虑无功功率补偿以提高功率因数。

变电所的主要设计内容包括：变电所位置的选择、变电所主接线、变电所的布置、变电所控制、测量仪表、继电保护及短路电流计算和变电所操作电源选择。

4) 技术要点

高压部分设计的技术要点：高压一次接线图是否合理，供电半径是否满足规范要求，是否已征得供电局同意；高压电器选择是否正确，接线形式是否满足供电负荷等级要求；继电保护方式是否合理，整定计算和选择是否正确；进线、出线、联络、电压互感器及计量回路之间连接是否正确；二次接线图是否正确，进线、联络等有无安全闭锁装置；高压电缆规格型号是否正确，是否考虑了热稳定问题；高压母线的规格型号选择是否正确；高压电器的选择与开关柜的成套性是否符合；仪表配备是否齐全，电流表、电流互感器等规格型号是否正确。

低压系统设计的技术要点：主断路器及配出回路开关断流能力是否满足要求；电流互感器的变比是否合适，与电流表、电度表是否配合；低压母线的规格型号选择是否正确；变压器容量计算是否正确，变压器的台数是否合理，是否能满足使用要求；配出回路是否都有计算，导线规格型号有无错误；保护断路器的选择与导线的配合是否正确，上下级之间选择性；保护计量是否满足规范要求及供电部门的规定；母线联络方式是否合理，有无安全闭锁装置；电容器的容量是否满足要求，补偿计算结果是否正确；发电机是否自动启动及自动切换，自动切换有无安全闭锁装置。

变电所、发电机机房设计的技术要点：发电机机房的布置是否满足规范要求；发电机机房有无水喷雾灭火设施，是否满足规范要求；设备布置间距是否符合规范要求，标注尺寸是否正确；安装高度是否合适，是否满足规范要求；变压器、开关柜等设备的安装做法是否便于安装维修；高低压柜进线方式及土建条件是否符合要求；变电所进出线路如何安排，标高是否注清楚；变电所是否有通风换气或空调设备，能否满足要求；低压母线进出开关柜有无问题；变电所的面积是否满足使用要求，有无值班室、休息室，独立变电所是否设置厕所及上下水设备。

(2) 电气照明工程设计

电气照明工程设计以贯彻国家的法律、法规和技术经济政策、满足建筑功能需要为原则，以有利于生产、工作、学习、生活和身心健康和实现绿色照明为目标，根据视觉要求、作业性质和环境条件，使工作区或空间获得良好的视觉功效、合理的照度和显色性、适宜的亮度分布以及舒适的视觉环境。在确定照明方案时，应考虑不同类型建筑对照明的特殊要求，处理好人工照明与天然照明的关系，合理使用建设资金与采用节能光源高效灯具等技术，做到技术先进、经济合理、使用安全、节能环保、维护方便。

电气照明设计由照明供电设计和灯具设计两部分组成。建筑电气照明供电设计包括确定电源和供电方式，选择照明配电网络形式、选择电气设备、导线和敷设方式。照明灯具设计包括选择照明方式、选择电光源、确定照度标准、选择照明器并进行布置、进行照度计算、确定电光源的安装功率，最终以照明施工图的形式来表达。

照明方式有一般照明、分区一般照明、局部照明、一般照明和局部照明组成的混合照明。照明的种类有正常照明、应急照明、值班照明、警卫照明和障碍照明。灯具分为半直接照明、全面扩散照明、半间接照明、间接照明等多种形式。可以从中选择最佳的照明方式、照明灯具及光源。根据各种已知条件进行照度计算，决定光源位置、灯具数量和排列方法。

在制定设计计划之前，要认真调查照明场所的面积、顶棚高度、周围装修状况、所在场所的作业性质、配线和器具安装以及维修的难易程度，根据国家《建筑照明设计标准》GB 50034 决定建筑物各个空间内需要的照度要求。

1) 照明系统设计的技术要点

配电箱分支回路的断路器（熔断器）路别、相序是否标注清楚；大截面电缆（导线）与主断路器接线如何解决；各级断路器保护的选择性如何，是否满足要求；配电箱的型号、编号、代号、容量是否标注清楚；由配电箱至配电箱各段电缆的导线规格和管径是否注明；所有电器设备的规格型号是否齐全，有无使用淘汰产品；双电源供电干线所带互投箱数量是否符合规定；电源方向、位置是否合理，图中是否已注明高度；电源引入处或总盘处有无接地；配电箱的位置是否合适，明装暗装是否得当；每支路灯头数量是否满足规范要求；支路长度是否合适，电压降能否满足规范要求；导线根数是否有误，导线根数与管径是否相适；管线的敷设方式是否合理，明配（暗）线与结构形式是否相符；灯具的规格型号、安装方式、高度及光源数量是否标注清楚；照度选择是否合理，是否满足要求；照明开关的位置是否得当；走廊、楼梯照明控制线根数是否准确；灯的控制是分散或集中，是否合理；插座、开关、箱、盒等与消火栓、暖气、空调及门窗等是否进行专业会审；灯具与广播扬声器、火灾报警器、水喷洒头、送回风风口等是否进行专业会审；垂直管线的箭头是否正确，垂直暗管穿梁是否可行；疏散指示标志灯的位置距离以及安装高度是否合适，走廊及疏散口是否按规范要求装设疏散指示标志灯。

2）照明供电系统设计的技术要点

电力系统的保护是否正确，与导线规格是否配合；支干线路每一段线（即由配电箱至配电箱）导线规格及管径是否均已标注清楚；大干线小断路器及干线并接问题如何解决；配电箱支路的断路器、熔断器等规格容量是否均已标注清楚；回路编号、管线规格是否已标注；导线与管线配合是否正确；与系统相应的控制原理图是否满足工艺要求或使用要求，操作是否方便，自动控制是否正确；控制电源、控制元件、检测仪表是否合理可靠，接点数量及容量是否满足要求；有无控制工艺流程或图纸，或控制说明；设备选型是否正确，有无使用淘汰产品，设备表、系统图、原理图、平面图等电器设备是否统一；潮湿场所、移动设备用电是否考虑了剩余电流保护装置。

3）照明干线平面设计的技术要点

电源引入方向、位置是否合适，图中是否注明标高；电源引入处或总盘处是否接地；配电系统是否考虑了生产工艺；配电箱的位置是否合适，是否便于维修和操作；用电设备的编号、容量及安装高度等是否均已注明；配电箱的型号、容量、编号、代号及安装高度等是否均已注明；控制线路是否已有表示，管线规格有无丢漏现象；线路通过梁板外墙等做法是否交代清楚，是否得当；暗埋管线与结构形式、墙体材料及厚度是否有矛盾；垂直暗管穿梁是否可行。

电气照明设计的目的是满足人的视觉功能要求，提供舒适明快的环境和安全保障，设计要解决照度计算、导线截面的计算、各种灯具及材料的选型，并绘制照明平面布置图、大样图和电气系统图。

4）绿色照明

20 世纪 90 年代初，国际上以节约电能、保护环境为目的提出了“绿色照明”概念。“绿色照明”是指节约能源、保护环境，有益于提高人们生产、工作、学习效率和生活质量，保护身心健康的照明。1996 年我国制订了《中国绿色照明工程实施方案》，启动了中国绿色照明工程。“十二五”期间住房城乡建设部下达了《“十二五”城市绿色照明规划纲要》，把推进绿色照明、促进照明节能、提升照明质量作为工作的核心，并且编制和完善了绿色照明标准体系。“十三五”期间住房城乡建设部又编制了《“十三五”城市绿色照明规划纲要》，阐明城市绿色照明的指导思想、基本原则、发展目标、重点工作以及保障措施，是各地实施城市绿色照明的重要依据。

绿色照明推广使用效率高、光通维持率高、配光合理的灯具以及采取其他措施提高灯具利用系数，节约照明用电，以节约能源，保护环境，提高照明质量。绿色照明设计要点是合理确定照度标准、合理选择照明方式、选择优质高效的照明器材和合理利用天然光，并采用照明功率密度值（*LPD*）作为评价指标对照明节能进行评价，在《建筑照明设计标准》GB 50034 中对建筑物各种空间的 *LPD* 值都做了严格的规定。

（3）防雷接地系统设计

雷电危害的种类有直击雷、闪电感应和闪电电涌侵入。建筑物的防雷装置由避雷器、引下线和接地装置组成，其中接地装置由接地极和接地母线组成。根据建筑物防雷设计规范，建筑物防雷根据建筑物的重要性、使用性质、发生雷电事故的可能性和后果，按防雷要求分为三类。建筑的防雷类别不同，所要求防范的雷电种类以及对防雷装置避雷器、引下线间距、接地电阻值的要求也不同。各类防雷建筑物应设内部防雷装置，应在建筑物的地下室或地面层处与建筑物金属体、金属装置、建筑物内系统N线、PE线、进出建筑物的金属管线相联结，通过避雷器、引下线、接地装置、浪涌保护器实现对建筑物的防雷和用电安全保护。

防雷与接地系统设计的技术要点：

防雷等级划分是否正确，图纸有无说明；各类接地电阻要求值多少，有无说明；高出屋面的金属部分如通风帽、旗杆、天线杆、灯杆、水箱、冷却塔是否与防雷装置做了可靠联结；与节日彩灯并行时，避雷装置的高度是否高于节日彩灯；引下线的根数和距离是否满足要求；明装引下线根部是否做了穿管保护；明装或暗装的引下线是否做了断接卡子，位置数量是否合理；防侧向雷击是否采取了有效措施；接地是否已全盘考虑，进户线是否重复接地；程控电话、程控电梯、计算机房消防中心、音响中心等是否需要独立接地系统，接地电阻是否满足要求；在同一电气系统中是否有接地的混杂现象；大门口是否设有均压或绝缘措施；剩余电流保护装置是否按系统要求设计；信息系统信号线、电源线是否加有防过压元件；外电源及出屋面电源线是否加有防过压元件。

（4）建筑智能化系统设计

建筑智能化系统工程设计以建设绿色建筑为目标，增强建筑物的科技功能和提升智能化系统的技术功效，要求功能实用、技术适时、安全高效、运营规范、经济合理，并具有适用性、开放性、可维护性和可扩展性。

根据国家《智能建筑设计标准》GB 50314—2015，智能化系统工程的设计要素包括信息化应用系统、智能化集成系统、信息设施系统、建筑设备管理系统、公共安全系统、机房工程等。各类建筑物的智能系统工程设计，应根据建筑物的规模和功能需求等实际情况，选择配置相关的系统。

建筑智能化系统设计首先根据业主对建筑智能化的初步需求，结合建筑的功能用途和建筑的建设和投资规模，为业主提供一个主要体现功能性的初步设计方案，同时结合初步设计方案向业主介绍方案的功能组成，说明投资与效益之间的关系，引导业主进一步确定建筑智能化的实际需求。上述过程经过多次反复，并得到业主的确认许可后最终形成业主对建筑智能化方面的基本功能要求。

1）系统组成结构的设计

根据业主对建筑的需求，即可进行系统组成结构的设计。根据需求中不同的功能来确定相应的子系统，同时根据不同子系统的实际情况和资金情况来决定建筑智能化系统集成的方式，是分层次进行集成，还是整体直接进行系统集成，是分阶段进行系统集成，还是一次性实施系统集成。一般应考虑一期工程、二期工程各自需要的功能。

2）各智能化系统功能要求及设计的技术要点

① 信息化应用系统功能应符合下列规定：应满足建筑物运行和管理的信息化需要，提供建筑业务运营的支撑和保障。信息化应用系统宜包括公共服务、智能卡应用、物业管理、信息设施运行管理、信息安全管理、通用业务和专业业务等信息化应用系统。

② 智能化集成系统的功能应符合下列规定：应以实现绿色建筑为目标，满足建筑的

业务功能、物业运营及管理模式的应用需求，采用智能化信息资源共享和协同运行的架构形式，具有实用、规范和高效的监管功能，适应信息化综合应用功能的延伸及增强，顺应物联网、云计算、大数据、智慧城市等信息交互多元化和新应用的发展。

③ 建筑设备管理系统功能应符合下列规定：应具有建筑设备运行监控信息互为关联和共享、建筑设备能耗监测的功能，实现对节约资源、优化环境质量管理，宜与公共安全系统等其他关联构建建筑设备综合管理模式。建筑设备管理系统宜包括建筑设备监控系统、建筑能效监管系统，以及需纳入管理的其他业务设施系统等。建筑设备监控系统应符合下列规定：监控的设备范围宜包括冷热源、供暖通风和空气调节、给水排水、供配电、照明、电梯等，并宜包括以自成控制体系方式纳入管理的专项设备监控系统等；采集的信息宜包括温度、湿度、流量、压力、压差、液位、照度、气体浓度、电量、冷热量等建筑设备运行基础状态信息；监控模式应与建筑设备的运行工艺相适应，并应满足对实时状况监控、管理方式及管理策略等进行优化的要求；应适应相关的管理需求与公共安全系统信息关联；宜具有向建筑内相关集成系统提供建筑设备运行、维护管理状态等信息的条件。

建筑设备监控系统设计的技术要点：建筑设备监控系统设置是否合理；建筑设备监控系统、供电系统、UPS电源及供电线路设计是否满足要求；控制室和值班室设置是否合理；施工图是否能满足投标要求，与承包单位分工是否明确；预留通道管路是否满足施工要求。

④ 信息设施系统功能应符合下列规定：应具有对建筑内外相关的语音、数据、图像和多媒体等形式的信息予以接收、交换、传输、处理、存储、检索和显示等功能；宜融合信息化所需的各类信息设施，并为建筑的使用者及管理者提供信息化应用的基础条件。信息设施系统宜包括信息接入系统、布线系统、移动通信室内信号覆盖系统、卫星通信系统、用户电话交换系统、无线对讲系统、信息网络系统、有线电视及卫星电视接收系统、公共广播系统、会议系统、信息导引及发布系统、时钟系统等。

信息设施系统设计的技术要点：电话布线系统是否符合规范标准；数据通信系统是否合理；综合布线系统采用是否合理；信息点布置是否满足本工程标准要求；通信干线引入方向、预留管道数量是否满足要求；预留机房面积是否满足要求，是否有依据；机房供电电源是否合理，是否满足要求；线路选择标准是否合理，如何与主管单位配合；广播系统设计标准是否合理；与专业扩声系统设计分工是否明确，要求是否清楚；电视系统设计是否满足规范要求。

⑤ 公共安全系统包括火灾自动报警系统、安全技术防范系统和应急响应系统等。

火灾自动报警系统应符合下列规定：应安全适用、运行可靠、维护便利；应具有与建筑设备管理系统互联的信息通信接口；宜与安全技术防范系统实现互联；应作为应急响应系统的基础系统之一；宜纳入智能化集成系统；系统设计应符合现行国家标准《火灾自动报警系统设计规范》GB 50116和《建筑设计防火规范》GB 50016的有关规定。

安全技术防范系统应符合下列规定：应根据防护对象的防护等级、安全防范管理等要求，以建筑物自身物理防护为基础，运用电子信息技术、信息网络技术和安全防范技术等进行构建；宜包括安全防范综合管理（平台）和入侵报警、视频安防监控、出入口控制、电子巡查、访客对讲、停车库（场）管理系统等；应适应数字化、网络化、平台化的发展，建立结构化架构及网络化体系；应拓展和优化公共安全管理的应用功能；应作为应急响应系统的基础系统之一；宜纳入智能化集成系统；系统设计应符合《安全防范工程技术标准》GB 50348、《入侵报警系统工程设计规范》GB 50394、《视频安防监控系统工程设计规范》GB 50395 和《出入口控制系统工程设计规范》GB 50396 的有关规定。

应急响应系统应符合下列规定：应以火灾自动报警系统、安全技术防范系统为基础。应具有下列功能：对各类危及公共安全的事件进行就地实时报警；采取多种通信方式对自然灾害、重大安全事故、公共卫生事件和社会安全事件实现就地报警和异地报警；管辖范围内的应急指挥调度；紧急疏散与逃生紧急呼叫和导引；事故现场应急处置等。

公共安全系统设计的技术要点：火灾自动报警系统图是否合理，是否已征得消防部门同意；选用标准是否合适；消防控制点是否设置合理；火灾报警系统电源供应标准是否满足要求；配电线路选择标准是否满足消防要求；是否应设置紧急广播设备，扬声器及设备设置是否满足要求；应急照明和诱导灯设计是否合理；探测器选择种类和安装位置是否正确；手动报警按钮安装是否满足规范要求；火灾报警器安装位置、高度等是否满足要求；消火栓灭火系统控制方式、标准是否合理；自动喷洒灭火系统控制方式、标准是否合理；如果有气体灭火设施，其控制信号设计是否达到要求；消防泵、排烟风机是否符合在消防控制室直接启动的要求；安全技术防范系统设计标准、系统设计是否合理；安全技术防范系统的供电系统、UPS 电源及供电线路设计是否满足要求；预留通道管路是否满足施工要求，施工图是否能满足投标要求，与承包单位分工是否明确。

6.1.2 建筑电气与智能化工程管理

工程管理是管理学的一个重要分支，建筑工程项目管理属于工程管理范畴。建筑电气与智能化工程作为建筑工程项目建设的组成部分之一，应按照工程项目管理方式组织实施。工程管理包括工程前期的决策管理、工程建设阶段的项目管理和工程运营阶段的设施运维管理。本专业的执业范围重点在于建筑电气与智能化工程建设阶段项目管理和建筑电气与智能化工程运营阶段的设备系统运维管理。建筑电气与智能化工程运营阶段的设备系统运维管理在下节介绍。本节主要介绍建筑电气与智能化工程项目实施中涉及的工程施工管理、工程监理和工程经济（概预算）管理的基本概念和重点内容。

1. 建筑电气与智能化工程施工管理

建筑电气与智能化工程项目施工管理是以项目经理责任制为中心，以合同为依据，按照建筑电气与智能化工程施工项目的内在规律，实现资源的优化配置和对各生产要素（人员、机器、原料、方法、环境）进行有效的计划、组织、指导、控制，促使项目实施过程规范化，促进管理创新，从进度控制、质量控制、成本控制，安全管理、合同管理、信息管理和组织协调各方面为经济高效地实现工程建设目标提供保障。

（1）建筑电气与智能化工程施工的主要内容

由第 1 章建筑电气及其发展可知，广义的建筑电气工程包括强电工程部分和弱电工程部分。其中，强电工程涉及 35kV 及以下供配电系统、配变电所、继电保护及电气测量装置、自备应急电源、低压配电系统、配电线路布线系统、常用设备电气装置、电气照明、民用建筑物防雷、接地及安全等项目；弱电工程即建筑智能化系统工程。

建筑强电工程建设项目从施工管理角度通常分解为：室外电气安装、变配电室安装、供电干线安装、电气动力安装、电气照明安装、自备电源安装、防雷及接地装置安装等子分部工程，每个子分部工程又包括若干分项工程。建筑强电分项工程的划分见表 6-1，其中的分项工程基本上囊括了建筑强电的全部施工内容。

建筑强电分项工程的划分　　表 6-1

子分部工程	分项工程
室外电气安装工程	①架空线路及杆上电气设备安装；②变压器、箱式变电所安装；③成套配电柜、控制柜（屏、台）和动力、照明配电箱（盘）及控制柜安装；④电线、电缆导管和线槽敷设；⑤电线、电缆穿管和线槽敷设；⑥电缆头制作、导线连接和线路电气试验；⑦建筑物外部装饰灯具；⑧航空障碍标志灯和庭院路灯安装；⑨建筑照明通电试运行；⑩接地装置安装
变配电室安装工程	①变压器、箱式变电所安装；②成套配电柜、控制台（屏、台）和动力、照明配电箱（盘）安装；③裸母线、封闭母线、插接式母线安装；④电缆沟内和电缆竖井内电缆敷设；⑤电缆头制作、导线连接和线路电气试验；⑥接地装置安装；⑦避雷引下线和变配电室接地干线敷设
供电干线安装工程	①裸母线、封闭母线、插接式母线安装；②桥架安装和桥架内电缆敷设；③电缆沟内和电缆竖井内电缆敷设；④电线、电缆导管和线槽敷设；⑤电线、电缆穿管和线槽敷设；⑥电缆头制作、导线连接和线路电气试验
电气动力安装工程	①成套配电柜、控制柜（屏、台）和动力、照明配电箱（盘）及控制柜安装；②低压电动机、电加热器及电动执行机构检查、接线；③低压电气动力设备检测、试验和空载试运行；④桥架安装和桥架内电缆敷设；⑤电线、电缆导管和线槽敷设；⑥电线、电缆穿管和线槽敷线；⑦电缆头制作、导线连接和线路电气试验；⑧插座、开关、风扇安装
电气照明安装工程	①成套配电柜、控制柜（屏、台）和动力、照明配电箱（盘）安装；②电线、电缆导管和线槽敷设；③电线、电缆导管和线槽敷线；④槽板配线；⑤钢索配线；⑥电缆头制作、导线连接和线路电气试验；⑦普通灯具安装；⑧专用灯具安装；⑨开关、插座、风扇安装；⑩建筑照明通电试运行
自备电源安装工程	①成套配电柜、控制柜（屏、台）和动力、照明配电箱（盘）安装；②柴油发电机组安装；③不间断电源的其他功能单元安装；④裸母线、封闭母线、插接式母线安装；⑤电线、电缆导管和线槽敷设；⑥电缆头制作、导线连接和线路电气试验；⑦接地装置安装
防雷及接地装置安装工程	①接地装置安装；②避雷引下线和变配电室接地干线敷设；③建筑物等电位联结；④接闪器安装

建筑弱电（建筑智能化系统）工程涉及的施工内容包括智能化集成系统、信息设施系统、信息化应用系统、建筑设备管理系统、公共安全系统、机房工程以及建筑环境等项目。建筑弱电（智能化系统）建设项目的分项工程的划分见表 6-2，其分项工程内容基本上囊括了建筑弱电（建筑智能化系统）的全部施工内容。

建筑弱电（智能化系统）分项工程的划分　　表 6-2

子分部工程	分项工程
信息设施系统	信息接入系统、信息网络系统、移动通信室内信号覆盖系统、用户电话交换系统、卫星通信系统、有线电视及卫星电视接收系统、公共广播系统、会议系统、信息导引（标识）及发布系统、时钟系统的线缆敷设、软硬件设备安装、检测与调试、系统试运行
信息化应用系统	专业工作业务系统、信息设施运行管理系统、物业运营管理系统、公共服务系统、公众信息系统、智能卡应用系统、信息网络安全管理系统的软硬件设备安装、检测与调试
建筑设备管理系统	建筑设备综合管理系统、建筑机电设备监控系统、建筑耗能采集及能效监管系统、绿色能源监管系统的线缆敷设、软硬件设备安装、检测与调试、系统试运行

续表

子分部工程	分项工程
公共安全系统	火灾自动报警系统、安全综合管理系统、入侵报警系统、视频安防监控系统、出入口控制系统、电子巡查管理系统 、汽车库（场）管理系统、应急响应（指挥）系统的线缆敷设、软硬件设备安装、检测与调试
机房工程	信息（含室内移动通信覆盖）接入系统机房、有线电视（含卫星电视接入）前端机房、信息系统总配线机房、智能化系统总控室、信息系统中心设备（或数据中心设施）机房、消防控制室、安防监控中心、用户电话交换系统机房、智能化系统设备间（电信间）、应急响应（指挥）中心的线缆敷设、软硬件设备安装、检测与调试

（2）建筑电气与智能化工程的施工程序

建筑电气与智能化工程施工必须按照一定的程序或流程实施，才能顺利、有条不紊地完成整个施工过程。建筑电气（强电）工程施工阶段的工作程序如图 6-1 所示。

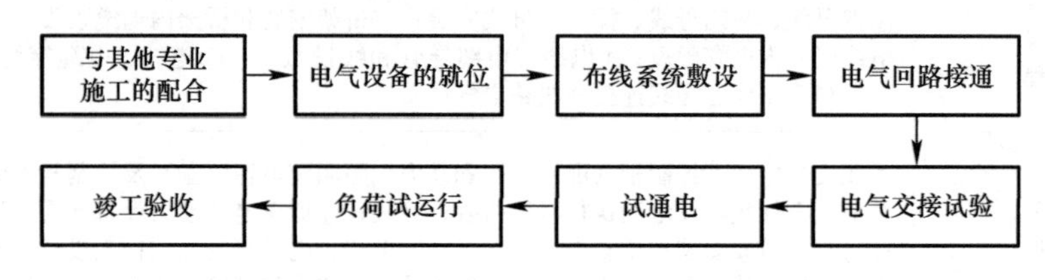

图 6-1　建筑电气（强电）工程施工程序

建筑智能化（弱电）系统工程施工阶段的工作程序如图 6-2 所示。

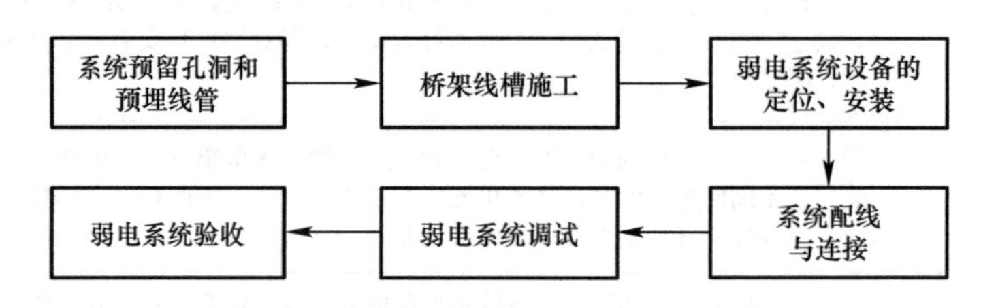

图 6-2　建筑智能化系统工程施工程序

（3）建筑电气与智能化工程施工技术要求

建筑电气与智能化工程施工技术要求应按照《建筑电气工程施工质量验收规范》GB 50303、《智能建筑工程施工规范》GB 50606、《智能建筑工程施工质量验收标准》GB 50309 等一系列建筑强/弱电工程建设国家标准、行业标准以及地方或企业与建筑电气工程施工技术相关的标准或规程的要求执行。

（4）建筑电气与智能化工程检测与调试

建筑强电工程检测与调试范围主要包含照明系统和动力系统，检测与调试依据一般包括（但不限于）下列文件或资料：《电气装置安装工程低压电器施工及验收规范》GB 50254；《电气装置安装工程电力变流设备施工及验收规范》GB 50255；《电气装置安装工程爆炸和火灾危险环境电气装置施工及验收规范》GB 50257；《建筑电气工程施工质量验收规范》GB 50303；《电气装置安装工程电气设备交接试验标准》GB 50150；《电气装置安装工程接地装置施工及验收规范》GB 50169；《建筑电气工程施工质量验收规范》GB 50303；《电气装置安装工程电缆线路施工及验收标准》GB 50168；建筑强电设计图纸及产品技术要求说明书及有关资料。

检测与调试应符合国家或行业电气工程相关建设标准和设计文件的要求，并按规定填写检测与调试记录表格。

建筑智能化系统工程检测与调试的依据一般包括下列文件或资料：《智能建筑工程施工规范》GB 50606、《智能建筑工程施工质量验收规范》GB 50309，以及与建筑智能化各子系统相关的国家标准、行业标准以及地方标准等；建筑智能化系统工程设计文件及软硬件产品技术要求说明书及相关资料。

检测与调试应符合国家或行业建筑智能化系统工程建设相关标准和设计文件的要求，并按规定填写检测与调试记录表格。

（5）建筑电气与智能化工程验收

建筑电气工程项目按工程总承包合同（或分包合同）范围和批准的建筑强/弱电设计文件规定的全部内容已建成，并达到设计要求；工业建设项目达到能够生产合格产品的要求；民用建设项目能够达到系统的功能并正常使用，在经检查验收合格后，办理移交手续，即建筑电气工程项目竣工验收。

1）工程验收的依据

可行性研究报告；施工图设计及设计变更通知书；技术设备说明书；国家现行的标准、规范；主管部门或业主有关审批、修改、调整的文件；工程总承包合同或分包合同；建筑电气安装工程统计规定及主管部门关于工程竣工的规定；国外引进的新技术和成套设备的项目，以及中外合资的项目，应按照项目签订的涉外合同和国外提供的设计文件及国家标准规范等进行验收，外资独资项目按电气安装工程总承包合同约定执行。

2）工程验收程序

工程验收的基本要求：①根据工程的规模大小和复杂程度，电气安装工程的验收可分为初步验收和竣工验收两个阶段进行。规模较大、较复杂的工程，应先进行初验，然后进行全部工程的竣工验收。规模较小、较简单的工程，可以一次性进行全部工程的竣工验收。②工程在竣工验收之前，由建设单位组织施工、设计、监理和使用等有关单位进行初验。初验前由施工单位按照国家规定，整理好文件、技术资料，并向建设单位提出交工报告。建设单位接到报告后，应及时组织初验。③工程全部完成，经过各单位或分部（子分部）工程的验收，符合设计要求，并具备竣工图表、竣工结算、工程总结等必要文件资料，由工程主管部门或建设单位向负责验收的单位提出竣工验收申请报告。由负责验收的单位组织竣工验收。外商独资项目按有关规定执行。

竣工验收一般分为两个步骤进行：一是由施工单位先行自验；二是正式验收，即由建设单位组织监理单位、施工单位、设计单位共同验收。

① 竣工自验（或竣工预验）

自验的标准应与正式验收一样，即工程是否符合国家规定的竣工标准和生产有关的竣工目标；工程完成情况是否符合施工图纸和设计的要求；工程质量是否符合国家和地方政府规定的标准和要求；工程质量是否达到合同约定的要求和标准等。

自验应由项目负责人组织生产、技术、质量、合同、预算以及有关的施工人员等共同参加。上述人员按照自己主管的内容对单位工程逐一进行检查。在检查中要做好记录，对不符合要求的部位和项目，应确定整改措施、修补措施的标准，并指定专人负责，定期整改完毕。

② 复验

在项目经理部自我检查并对查出的问题全部整改完毕后，项目负责人应提交上级要求进行复验。通过复验，应解决全部遗留整改问题，为正式验收做好充分准备。

③ 项目竣工验收

在自检的基础上，确认工程全部符合竣工验收标准，具备交付投产（使用）的条件，可进行项目竣工验收。竣工验收一般程序如图 6-3 所示。

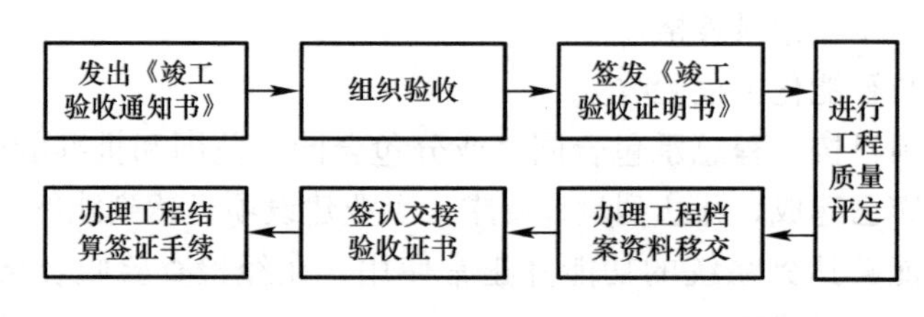

图 6-3 竣工验收的一般程序

发出《竣工验收通知书》：建设单位应在正式竣工验收日之前十天，向施工单位发出《竣工验收通知书》。

组织验收：工程竣工验收工作由建设单位邀请设计单位、监理单位及有关方面参加，会同施工单位一起进行检查验收。列为国家重点工程的大型项目，应由国家有关部门邀请有关方面参加，组成工程验收委员会进行验收。

签发《竣工验收证明书》，办理工程移交：在建设单位验收完毕并确认工程符合竣工标准和总承包合同条款要求后，向施工单位发《竣工验收证明书》。

进行工程质量评定后办理工程档案资料移交和其他固定资产移交手续，并签认交接验收证书，然后办理工程结算签证手续，工程项目进入工程保修阶段。

2. 建筑电气与智能化工程监理

(1) 工程监理的性质与作用

工程监理是指具有相关资质（详见《工程监理企业资质管理规定》中华人民共和国建设部令第 158 号）的监理单位受甲方（建设单位）的委托，依据国家批准的工程项目建设文件、有关工程建设的法律、法规和工程建设监理合同及其他工程建设合同，代表甲方对乙方（工程建设相关方）的工程建设实施监督管理的一种专业化服务活动。建设工程监理单位在施工阶段对建设工程质量、造价、进度进行控制，对合同、信息进行管理，对工程建设相关方的关系进行协调，并履行建设工程安全生产管理法定职责，监理的准则是守法、诚信、公正和科学，监理的目的是确保工程建设质量和安全，提高工程建设水平，充分发挥投资效益。

(2) 建筑电气与智能化工程监理的主要工作

1) 具体组织建筑电气与智能化工程的监理工作，制定建筑电气与智能化工程监理大纲、监理规划和监理细则，制定监理流程。

2) 填写施工日志，及时记录施工阶段监理工作的详细情况，定期起草《监理月报》。

3) 施工质量控制。

① 随机检查施工承包单位管理体系、质量保证体系是否持续有效运行，检查施工承包单位管理员、质检员、特种作业员资质、持证上岗情况；

② 随机检查施工机械设备、测量、检验、计量设备状况；

③ 检查确认运至现场工程材料、构配件、设备质量，查验试验、化验报告单、出厂合格证是否齐全、合格，禁止不合格材料、设备进入工程现场；

④ 对施工承包单位试验室进行考核认定；

⑤ 检查施工组织设计、技术方案状况，监督施工承包单位严格按照施工图纸、施工规范要求施工，严格执行施工合同及强制性技术标准条文；

⑥ 实施巡视、平行检查、旁站监理，隐蔽工程、关键部位、关键工序施工质量进行监督检查；

⑦ 对施工承包单位报送检验批、分项工程、分部工程、单位工程质量检验评审资料进行现场检查、审核签认；

⑧ 参加工程质量事故调查及处理，监督整改方案的实施。

4）施工进度控制

① 审批施工承包单位报送的施工进度计划、季、月施工进度计划；

② 通过例会、专题协调等方式检查、分析施工进度计划和实施情况；

③ 对工程进度延误情况，要求施工承包单位采取措施改进工程进度滞后状况；

④ 正确处理工程暂停、工程复工申请、工程延期申请等事件，确保工程顺利实施。

5）施工投资（造价）控制

① 做好工程计量及工程款支付申请审核及批准工作；

② 做好工程变更协调、评估、审核、批准工作；

③ 认真处理工程费用索赔事件。

6）安全管理

① 专项施工方案的审核、批准和监督；

② 安全施工方案及临电实施方案的审核、批准和施工现场安全检查。

7）竣工验收阶段监理

① 督促施工承包单位做工程收尾工作及竣工验收资料、结算资料准备工作；

② 组织工程竣工（预）验收工作；

③ 审核施工承包单位竣工验收资料及工程结算资料；

④ 协助建设单位组织工程竣工验收及工程质量监督备案申报工作。

8）监理工作方法及措施

① 旁站：关键部位、关键工序施工质量实施全程现场监督；

② 见证：现场监督某工序全过程完成情况的活动；

③ 巡视：施工部位或工序现场进行定期监督；

④ 平行检验：项目监理机构利用定期检查或检测手段，在施工单位自检基础上按照一定比例独立进行检查或检测，监理人员实施上述各种措施全程均通过记录、询问、测量、拍照、摄像等方式实时记载工程实施过程实际情况；

⑤ 签发指令性文件《监理通知》、《工程暂停令》或《复工指令》等；

⑥ 按期召开监理例会、适时召开专题协调会，并形成纪要。

9）撰写《监理工作总结》。

3. 工程经济管理

技术和经济是人类社会进行产品生产时不可缺少的两个方面。人们为了达到一定的经济目的和满足一定的需要，都必须采用一定的技术，而任何一项技术工作，都必须消耗一定的人力、物力、财力和时间等资源。建筑工程经济是从技术经济的角度，对建筑技术方案、技术措施和技术政策以及建筑企业的经营效果进行经济分析和经济评价，使其技术的先进性与经济性有机结合，达到用最少的劳动投入取得最好的经济效益。建筑电气与智能化工程的成本（造价）控制与管理是工程经济在建筑电气与智能化工程实施中的核心内容，而工程造价是有效控制成本的手段之一。工程造价是指进行某项工程建设所花费的全部费用，其核心内容是投资估算、设计概算、修正概算、施工图预算、工程结算、竣工决算等。工程造价的主要任务是根据图纸、定额以及清单规范，计算出工程中所包含的直接费（人工、材料及设备、施工机具使用）、企业管理费、措施费、规费、利润及税金等。

（1）投资估算

投资估算是指在投资决策过程中，建设单位或建设单位委托的咨询机构根据现有的资料，采用一定的方法，对建设项目未来发生的全部费用进行预测和估算。

（2）设计概算

设计概算是指在初步设计阶段，在投资估算的控制下，由设计单位根据初步设计或扩大设计图纸及说明、概预算定额、设备材料价格等资料，编制确定的建设项目从筹建到竣工交付生产或使用所需全部费用的经济文件。

（3）修正概算

在技术设计阶段，随着对建设规模、结构性质、设备类型等方面进行修改、变动，初步设计概算也作相应调整，即为修正概算。

（4）施工图预算

施工图预算是由设计单位在施工图设计完成后，根据有关资料编制和确定的电气安装工程造价文件。施工图预算是成本控制与管理的基础性工作，对工程项目招投标报价、工程实施阶段的造价或成本管理、工程结算等具有指导作用。因而其准确度和可靠性成为编制工作的关键。

1）施工图预算的编制依据

① 施工图纸和其说明书以及相关的标准图集；

② 预算定额及单位估价表；

③ 施工组织设计及主要施工方案；

④ 预算定额及其调价规定；

⑤ 电气安装工程费用定额；

⑥ 机电设备产品目录、采购信息及有关规定等；

⑦ 预算工作手册及有关工具书；

⑧ 预算定额编制软件；

⑨《建设工程工程量清单计价规范》GB 50500、《通用安装工程工程量计算规范》GB 50856 等工程量清单计价文件或规定。

2）编制施工图预算的步骤

① 搜集各种编制依据资料；

② 熟悉施工图纸和定额；

③ 计算工程量；

④ 套用预算定额单价；

⑤ 编制工料分析表；

⑥ 计算其他各项应取费用，包括措施费、间接费、利润和税金；

⑦ 汇总机电安装单位工程造价；

⑧ 复核；

⑨ 编制说明、填写封面。

3）机电安装预算取费计算的原则

① 其他直接费的取费以直接工程费中的人工费为基数；

② 间接费、利润等的取费以直接工程费中的人工费加其他直接费中的人工费之和为基数；

③ 税金以直接工程费、间接费、利润之和为计算基数；

④ 含税造价（总造价）为直接工程费、间接费、利润、税金之和。

4）施工图预算的审核

① 听取编制人员对施工图预算编制情况的介绍；

② 熟悉施工图纸；

③ 审核工程量是否正确；

④ 抽查套用预算定额是否正确；

⑤ 审核套用预算定额是否与施工方案相符；

⑥ 审核施工工序有无遗漏；

⑦ 审核取费计算是否正确。

（5）工程结算

建筑电气安装工程结算是指项目承包单位按照规定的内容全部完成所承包的工程，经验收质量合格，并符合合同要求之后向工程发包方进行的最终工程价款的结算。

1）工程项目结算的依据

工程项目结算的依据有承包合同、中标总价、合同变更的资料、竣工图纸、会议纪要和现场签证等施工技术资料、工程竣工验收报告、其他有关资料等内容。

2）建筑电气工程结算程序

① 项目经理（建造师）做好结算的基础工作，指定专人对结算书的内容进行检查。

② 以单位（分部、子分部）工程或合同约定的专业项目为基础，对原报价单的主要内容进行检查和核对。

③ 发现漏算、多算或计算误差的应及时进行调整。

④ 多个单位工程构成的施工项目，应将各单位工程竣工结算书汇总，编制单项工程综合结算书。多个单项工程构成的建设项目，应将各单项工程综合结算书汇总编制建设项目总结算书，并撰写编制说明。

⑤ 项目经理（建造师）有责任配合企业主管部门督促发包人及时办理结算手续。

⑥ 企业预算部门应将结算资料送交财务部门，进行工程价款的最终结算和收款，发

包人应在规定期限内支付工程结算款。

⑦ 工程结算后，应将工程结算报告及完整的结算资料纳入工程竣工资料，及时归档保存。

3）关于工程项目结算的其他工作

① 建筑电气工程项目，特别是建筑智能化工程一般工期较长，中间可能进行分段结算，开工前还要收取预付款等，这些也属于结算工作的相关内容。

② 按合同约定逐期收取进度款的，统计部门还要编报工程进度款结算单，在规定日期内报监理工程师审批结算，收取进度款。

③ 根据工程特点，发包方除工程价款以外另行支付工期奖、质量奖、措施奖及索赔等款项时，要依据双方协议、合同等文件在约定期限内随同当期进度款同时收取。

4）工程结算资料

① 招标文件、投标答疑、投标文件、有关计价文件规定。

② 施工合同、有关协议及相关证明。

③ 甲方批准的施工组织设计。

④ 图纸会审和设计变更；必要的会议记录、监理技术交底、临时派工单。

⑤ 有关的隐蔽记录、工程进度证明；施工过程中的有关经济签证。

⑥ 乙方采购设备/材料价格认定单。

⑦ 甲方供应设备/材料明细。

⑧ 外包项目的合同或协议、各类包工单价；甲方外包项目说明。

⑨ 乙方采购的主要设备/材料的规格、用量、采购价格明细；施工用水、用电的单价和数量。

⑩ 工程成本报告书；工程结算书、审计报告书。

（6）竣工决算

建设工程竣工决算是由建设单位编制的反映建设项目实际造价文件和投资效果的文件，是竣工验收报告的重要组成部分，是基本建设项目经济效果的全面反映，是核定新增固定资产价值，办理其交付使用的依据。

6.1.3 建筑电气与智能化系统运维管理

建筑电气与智能化工程竣工之后能否长期正常运行，运维管理是关键，目的是为保证系统的正常运行。建筑电气与智能化系统只有在正常运行中才能发挥其功能效果，因而建筑电气与智能化系统运行及维护管理是建筑电气与智能化专业执业范围之一。建筑电气与智能化系统的运维管理主要包括建筑电气（强电）设施的运维管理、建筑智能化系统的运维管理和电气安全三部分。

1. 建筑电气（强电）设施的运维管理

建筑电气（强电）设施运维管理的目的是保障电力系统安全、可靠、稳定、经济运行，为建筑用电创造良好的供电环境。建筑电气设施运维管理的主要业务包括建筑供配电系统、电气动力设备、照明系统以及防雷与接地系统的日常运行与维护、故障处理及监控调度等内容。

（1）电气（强电）设备设施运维管理的基本原则

1）坚持安全第一的方针，把确保电气设备安全可靠运行作为电气设备管理的首要任务。

2）坚持选型与使用相结合，维护与检修相结合，修理、改造与更新相结合，专业管理与岗位管理相结合，技术管理与生产管理相结合。

3）推广应用现代电气设备管理理念和自然科学技术成果，实现电气设备运维管理的科学、规范、高效、经济。

（2）电气（强电）设备设施运维管理的基本要求

1）严格执行《电业安全工作规程》。

2）认真做好三图（一次系统图、二次回路图、电缆线路走向图，应是完整的竣工图纸，必须与现场实际相吻合，并绘制电子版以便及时修改）、三定（定期检修、定期试验、定期清扫，应对电气设备设施进行巡回检查，并做好相应巡检记录；为保证电气设备设施的安全运行，电气设备的检修、试验应按《电力设备预防性试验规程》规定进行）、五规程（检修规程、试验规程、运行规程、安全规程、事故处理规程）、五记录（检修记录、试验记录、运行记录、事故记录、设备缺陷记录）等工作。

编制电气点检规程、电气事故处理应急预案等文件，并根据电气设备设施变化状况及时修订，根据电气设备设施的特点进行分级管理。

（3）电气（强电）设备设施运维管理的要求及内容

应熟悉电气工程运行维护基本要求及规程，掌握基本技术技能及仪器仪表的使用、测试和试验方法及接线等，管理内容包括变压器及电动机的运行维护、变电所运行维护、低压电气线路及设备、防雷与接地设施维护、自动化仪表等。

2. 建筑智能化系统的运维管理

建筑智能化系统运维管理的目的在于保障建筑智能化系统安全、可靠和高效运行，规范系统运维服务机构的服务过程和提高其服务质量。加强建筑智能化系统的运维管理是由智能化系统的复杂性、综合性所决定的，是实现智能建筑工程建设目标的必然要求。

（1）建筑智能化系统运维管理的依据

1）《建筑智能化系统运行维护技术规范》JGJ/T 417。

2）建筑智能化系统工程招标文件、设计文件、维保协议或合同。

3）建筑智能化系统产品技术资料等。

（2）建筑智能化系统运维管理的主要内容

建筑智能化系统运维管理主要包括运行、维护、维修以及系统优化与完善等四个方面。

1）建筑智能化系统运行

系统运行管理主要是对系统进行常规操作和监控，处理运行中出现的问题，做好日常巡检、系统数据以及故障处理记录，对未能处理的故障进行报修，对软件系统定期清理以及对运行数据进行定期备份等。

2）建筑智能化系统维护

系统维护管理主要是对系统设备进行定期巡检和保养。诸如前端设备（包括前端监控设备、传感器、执行器等）的定期检测、调校和清理，链路通信的定期检查，软件的维护或补丁安装，运行数据的整理，工况和参数的调整，图纸、配置、维修记录等资料的定期更新与完善等。

3）建筑智能化系统维修

系统维修主要包括对故障进行诊断，确定故障成因及其类别（诸如误操作、线路故障、设备故障，软件故障等），并进行及时修复。系统维修前应确定维修方案，明确维修步骤、维修时间、系统恢复时间；需要应急处理的故障，应采取隔离措施，保障其他部分正常运行或采用临时替代设备恢复重要系统功能；故障排除或维修结束后，应测试和验证维修结果或效果。

4）建筑智能化系统的运行优化与完善

由于建筑智能化工程项目在规划和设计阶段考虑不周，或受制于技术条件等客观因素的影响、施工阶段没有解决好或存在瑕疵等问题，都有可能在运维阶段逐渐暴露或显现出来。另外，业主的需求也会不断地增加或变化。所以，在原建筑智能化系统基础上，通过系统优化，不断地完善系统功能，解决施工阶段遗留的问题等，是建筑智能化系统运维阶段的重要工作。

（3）建筑智能化系统运维管理的基础与条件

1）良好的运维人员素质

① 运维人员应掌握建筑智能化系统设备的安装调试、故障维修、配件更换技能，并对运维流程清晰、岗位职责明确、责任心强，具备较强的人际交流沟通能力和协商合作完成运维工作的良好意识。

② 运维人员应熟练掌握建筑智能化系统运维工作常用仪器仪表和工机具的使用方法；熟练掌握 BIM 技术在运维工作中的应用。

③ 运维人员应基于运维管理工作需要，密切跟踪、详细了解建筑智能化系统工程设计和施工项目全过程。特别是在工程验收环节，应全面深入了解系统功能、运行环境和试运行状况，系统有可能易出现的非正常情况的处理措施，以及工程软硬件和工程方案变更等内容。

④ 运维人员应具有较强的分析问题、解决问题、迅速排除故障并恢复系统正常状态的能力。

⑤ 运维人员还应具备根据各自岗位在技术文件和系统条件的基础上自主学习的能力，并不断地提升业务水平。

2）充分且必要的技术条件

技术条件包括工程技术资料、必要的检测仪器仪表及工机具等。

工程技术资料主要包括工程图纸（施工图、竣工图）、系统备份安装软件（软件安装盘、配置恢复、数据导入、系统密码等）、设备/设施台账、产品说明书、系统操作手册和维护手册、设备及系统测试记录、各主要设备运行记录，以及设备供应商、系统集成商（弱电总包）、分包商、系统设计、工程施工等工程协作单位或主要负责人的联系方式等。

3）规范的运维管理制度

建筑智能化系统运行维护工作中，应建立保障系统正常运行的管理制度和技术规定，建立运行维护体系、规划系统运维流程，是建筑智能化系统运维质量管理制度建设的核心内容。运维体系包括运维组织架构、管理制度、技术规定，具有明确的运维主体、运维流程、运维技术要求以及运维评估标准；运维流程即是运行维护工作的程序步骤和审批过程。系统运维主体可参照《建筑智能化系统运行维护技术规范》实施，以确保运维工作顺利进行。

3. 电气安全

电气安全是安全领域中与电气相关的科学技术及管理工程。包括电气安全实践、电气安全教育和电气安全研究。电气安全研究是以电气设备设施及人身安全为目标，以电气电子设备与系统为研究对象，研究各种电气事故的机理、原因、构成、特点、规律和防护措施以及用电气的方法解决各种安全问题——即研究运用电气监测、电气检查和电气控制的方法来评价系统的安全性或获得必要的安全条件的科学技术与管理工程，这可以是建筑电气与智能化专业毕业生从业或再深造的一个方向。而电气安全实践和电气安全教育则是建筑电气与智能化系统运维及施工管理的重要内容。

(1) 电气安全的工作内容

1) 研究并采取各种有效的安全技术措施。

2) 研究并推广先进的电气安全技术，提高电气安全水平。

3) 制定并贯彻安全技术标准和安全技术规程。

4) 建立并执行各种安全管理制度。

5) 开展有关电气安全思想和电气安全知识的教育工作。

6) 分析事故实例，从中找出事故原因和规律。

(2) 电气安全的基础要素

1) 电气绝缘

保持配电线路和电气设备的绝缘良好，是保证人身安全和电气设备正常运行的最基本要素。电气绝缘的性能是否良好，可通过测量其绝缘电阻、耐压强度、泄漏电流和介质损耗等参数来衡量。

2) 安全距离

电气安全距离，是指人体、物体等接近带电体而不发生危险的安全可靠距离。如带电体与地面之间、带电体与带电体之间、带电体与人体之间、带电体与其他设施和设备之间等，均应保持一定距离。通常，在配电线路和变、配电装置附近工作时，应考虑线路安全距离，变、配电装置安全距离，检修安全距离和操作安全距离等。

3) 安全载流量

导体的安全载流量，是指允许持续通过导体的电流量。持续通过导体的电流如果超过安全载流量，导体的发热将超过允许值，导致绝缘老化或损坏，甚至引起漏电和发生火灾。因此，根据导体的安全载流量确定导体截面和选择电气设备是十分重要的。

4) 安全标志

明显、准确、统一的标志是保证用电安全的重要措施。标志一般有颜色标志、标示牌标志和型号标志等。颜色标志表示不同性质、不同用途的导线；标示牌标志一般作为危险场所的标志；型号标志作为设备特殊结构的标志。

(3) 电气安全的基本要求

1) 对裸露于地面和人身容易触及的带电设备，应采取可靠的防护措施。

2) 设备的带电部分与地面及其他带电部分应保持一定的安全距离。

3) 易产生过电压的电力系统，应有接闪针、接闪线、接闪器、保护间隙等过程电压保护装置。

4) 低压电力系统应有接地、接零保护装置。

5) 对各种高压用电设备应采取装设高压熔断器和断路器等不同类型的保护措施；对低压用电设备应采用相应的低压电器保护措施进行保护。

6）在电气设备的安装地点应设安全标志。

7）根据某些电气设备的特性和要求，应采取特殊的安全措施。

（4）电气事故分类

电气事故按发生灾害的形式，可以分为人身事故、设备事故、电气火灾和爆炸事故等；按发生事故时的电路状况，可以分为短路事故、断线事故、接地事故、漏电事故等；按事故的严重性，可以分为特大事故、重大事故、一般事故等；按伤害的程度，可以分为死亡、重伤、轻伤三种。

如果按事故的基本原因，电气事故可分为以下几类：

1）触电事故

触电事故是指人身触及带电体（或过分接近高压带电体）时，由于电流流过人体而造成的人身伤害事故。触电事故是由于电流能量施于人体而造成的。触电又可分为单相触电、两相触电和跨步电压触电三种。

2）雷电和静电事故

雷电和静电事故是指局部范围内暂时失去平衡的正、负电荷，在一定条件下将电荷的能量释放出来，对人体造成的伤害或引发的其他事故。雷击常可摧毁建筑物，伤及人、畜，还可能引发火灾；静电放电的最大威胁是引起火灾或爆炸事故，也可能造成对人体的伤害。

3）射频伤害

射频伤害是指电磁场的能量对人体造成的伤害，亦即电磁场伤害。在高频电磁场的作用下，人体因吸收辐射能量，各器官会受到不同程度的伤害，从而引起各种疾病。除高频电磁场外，超高压的高强度工频电磁场也会对人体造成一定的伤害。

4）电路故障

电路故障是指电能在传递、分配、转换过程中，由于失去控制而造成的事故。线路和设备故障不但威胁人身安全，而且也会严重损坏电气设备。

以上四种电气事故，以触电事故最为常见。但无论哪种事故，都是由于各种类型的电流、电荷、电磁场的能量不适当释放或转移而造成的。

（5）临时用电安全

临时用电安全是电气安全的重要组成部分，也是施工现场安全管理的重点工作内容之一。由于其特点在于"临时性"，极易对临时用电产生麻痹思想，乱拉乱接，很多触电或火灾事故均是由此引起。临时用电采取的安全技术措施主要包括：充分考虑施工现场的临时用电部位、规范布线、严格管理等。

现代电子与电工学的不断发展，对电气安全工作提出了更高的要求。以防止触电为例，接地、绝缘、间距等都是传统的安全措施，这些措施现在仍是有效的。而随着自动化元件和电子元件的广泛应用而出现的漏电保护装置又为防止触电事故及其他电气事故提供了新的途径。近些年，得益于电子学、电磁学及控制系统技术的快速发展与应用，在用电气的方法解决各种安全问题方面的研究取得了显著成效，例如电气安全隐患探测与自动报警、电气安全隐患智能识别及自动恢复、电气安全侵袭消除等。同时，电磁场安全问题、静电安全问题等又伴随着建筑智能化等新技术的广泛应用而日益引起人们的重视。

6.2 执业资格制度

6.2.1 执业资格制度

执业资格制度是国家对关系到社会责任较大、通用性强以及关系公共利益的财产、安全、生命相关领域的重要专业岗位实行的一项管理制度，作为一种行业准入制度，它对保证执业人员素质、促进市场经济有序发展具有重要作用。

世界上发达国家一般都实施注册工程师执业制度。但由于各国国情不同，在注册条件、管理上也不尽相同，存在一些差异，但共同点是对学历、专业及从业时间都有严格的要求。

我国是由人社部和住房城乡建设部共同负责全国建筑领域各专业工程师执业资格制度的政策制定、组织协调、资格考试、注册登记和监督管理工作。实行全国统一大纲、统一命题、统一组织的办法。住房城乡建设部负责考试大纲的拟定、培训教材的编写和命题工作，统一计划和组织考前培训等有关工作。人社部负责审定考试大纲、考试科目和试题，组织或授权实施各项考务工作，会同住房城乡建设部对考试进行监督、检查、指导和确定合格标准。

通过注册工程师执业资格考试合格后取得《中华人民共和国注册××工程师执业资格证书》并受聘于建设工程勘察、设计、施工等单位的人员，应当通过聘用单位向单位工商注册所在地的省、自治区、直辖市人民政府建设主管部门提出注册申请，省、自治区、直辖市人民政府建设主管部门受理后提出初审意见，并将初审意见和全部申报材料报审批部门审批，符合条件的，由审批部门核发由国务院建设主管部门统一制作、国务院建设主管部门或者国务院建设主管部门和有关部门共同用印的注册证书，并核发执业印章。

注册工程师享有的权利：(1) 使用注册工程师称谓；(2) 在规定范围内从事执业活动；(3) 依据本人能力从事相应的执业活动；(4) 保管和使用本人的注册证书和执业印章；(5) 对本人执业活动进行解释和辩护；(6) 接受继续教育；(7) 获得相应的劳动报酬；(8) 对侵犯本人权利的行为进行申诉。

注册工程师应当履行的义务：(1) 遵守法律、法规和有关管理规定；(2) 执行工程建设标准规范；(3) 保证执业活动成果的质量，并承担相应责任；(4) 接受继续教育，努力提高执业水准；(5) 在本人执业活动所形成的勘察、设计文件上签字、加盖执业印章；(6) 保守在执业中知悉的国家秘密和他人的商业、技术秘密；(7) 不得涂改、出租、出借或者以其他形式非法转让注册证书或者执业印章；(8) 不得同时在两个或两个以上单位受聘或者执业；(9) 在本专业规定的执业范围和聘用单位业务范围内从事执业活动；(10) 协助注册管理机构完成相关工作。

6.2.2 建筑电气与智能化专业相关的注册工程师种类及要求

目前我国在建筑领域已经全面实行注册工程师执业制度，与建筑电气与智能化专业相关的注册工程师种类有注册电气工程师（供配电专业）、注册建造师（一、二级机电工程专业）、注册监理工程师、注册消防工程师。

1. 注册电气工程师

为加强对电气专业工程设计人员的管理，保证工程质量，维护社会公共利益和人民生命财产安全，依据《中华人民共和国建筑法》、《建设工程勘察设计管理条例》等法律法规和国家有关执业资格制度的规定，制定了注册电气工程师的管理制度。

(1) 注册电气工程师的分类和执业范围

由于整个电气专业知识太宽泛，我国将电气注册工程师分为了发输变电和供配电两个专业。建筑电气与智能化被划分在供配电专业中。

电气注册工程师执业范围包括电气专业工程设计、电气专业工程技术咨询、电气专业工程设备招标、采购咨询、电气工程的项目管理、对本专业设计项目的施工进行指导和监督。

(2) 注册电气工程师的考试报名条件

凡中华人民共和国公民，遵守国家法律、法规，恪守职业道德，并具备相应专业教育和职业实践条件者，均可申请参加注册电气工程师执业资格考试。

具备以下条件之一者，可申请参加基础考试：

1) 取得本专业或相近专业大学本科及以上学历或学位。

2) 取得本专业或相近专业大学专科学历，累计从事相应专业设计工作满1年。

3) 取得其他工科专业大学本科及以上学历或学位，累计从事相应专业设计工作满1年。

基础考试合格，并具备以下条件之一者，可申请参加专业考试：

1) 取得本专业博士学位后，累计从事相应专业设计工作满2年；或取得相近专业博士学位后，累计从事相应专业设计工作满3年。

2) 取得本专业硕士学位后，累计从事相应专业设计工作满3年；或取得相近专业硕士学位后，累计从事相应专业设计工作满4年。

3) 取得含本专业在内的双学士学位或本专业研究生班毕业后，累计从事相应专业设计工作满4年；或取得含相近专业在内双学士学位或研究生班毕业后，累计从事相应专业设计工作满5年。

4) 取得通过本专业教育评估的大学本科学历或学位后，累计从事相应专业设计工作满4年；或取得未通过本专业教育评估的大学本科学历或学位后，累计从事相应专业设计工作满5年；或取得相近专业大学本科学历或学位后，累计从事相应专业设计工作满6年。

5) 取得本专业大学专科学历后，累计从事相应专业设计工作满6年；或取得相近专业大学专科学历后，累计从事相应专业设计工作满7年。

6) 取得其他工科专业大学本科及以上学历或学位后，累计从事相应专业设计工作满8年。

注册电气工程师执业资格考试合格者，由省、自治区、直辖市人事行政部门颁发人社部统一印制，人社部、住房城乡建设部印的《中华人民共和国注册电气工程师执业资格证书》。根据全国勘察设计注册工程师管理委员会关于印发《全国勘察设计注册工程师相关专业、新旧名称对照表（2018）》的通知，建筑电气与智能化专业划入电气工程师考试的本专业范围。

(3) 注册电气工程师（供配电专业）执业资格考试

注册电气工程师执业资格考试实行全国统一大纲、统一命题的考试制度，原则上每年举行一次。电气专业委员会负责拟定电气专业考试大纲和命题、建立并管理考试试题库、组织阅卷评分、提出评分标准和合格标准建议。全国勘察设计注册工程师管理委员会负责审定考试大纲、年度试题、评分标准与合格标准。注册电气工程师执业资格考试由基础考试和专业考试组成。

基础考试分为公共基础和专业基础，考试内容包括高等数学、普通物理、普通化学、理论力学、材料力学、流体力学、计算机应用基础、电气技术基础（电磁学、电路、电动机与变压器、模拟电子技术、数字电子技术）、工程经济、工程管理基础等。

专业考试涵盖了安全、环境保护与节能、负荷分级及计算、110kV 及以下供配电系统、110kV 及以下变配电所所址选择及电气设备布置、短路电流计算、110kV 及以下电气设备选择、35kV 及以下导体、电缆及架空线路的设计、110kV 及以下变配电所控制、测量、继电保护及自动装置、变配电所操作电源、防雷及过电压保护、接地、照明、电气传动、建筑智能化等十五个方面。

由此可见，基础考试和专业考试涵盖了建筑电气与智能化专业所有的基础课、专业基础课和专业课的内容。因而在大学学习期间应学好每一门课程，因为每一门课程都可能是从业考试的内容之一。

考试成绩实行 1 年为一个周期的滚动管理办法，参加全部科目考试的人员必须在一个考试年度内通过全部科目，才能取得《中华人民共和国注册电气工程师执业资格证书》。取得资格证书的人员，必须经过注册方能以注册工程师的名义执业。完成这些程序后才能成为一名注册电气工程师，才能从事建设工程设计及有关业务活动。

注册工程师在每一注册期内应达到国务院建设主管部门规定的本专业继续教育要求。继续教育作为注册工程师逾期初始注册、延续注册和重新申请注册的条件。

2. 注册建造师（机电工程专业）

建造师是建设工程行业的一种执业资格，是指从事建设工程项目总承包和施工管理关键岗位的执业注册人员。

建造师执业资格制度起源于英国，迄今已有 170 余年历史。世界上许多发达国家已经建立了建造师执业资格制度。具有执业资格的建造师已有了国际性的组织——国际建造师协会。2002 年印发的《建造师执业资格制度暂行规定》（人发［2002］111 号），标志着我国建造师执业资格制度正式建立。《建造师执业资格制度暂行规定》明确：国家对建设工程项目总承包和施工管理关键岗位的专业技术人员实行执业资格制度，纳入全国专业技术人员执业资格制度统一规划。

我国建筑业施工企业（指具有资质等级的总承包和专业承包建筑业企业，不含劳务分包建筑业企业）有 10 万多个，从业人员有 3500 多万，每年全国建筑市场建设项目众多，施工项目经理和项目技术负责人的需要量很大，实行建造师执业资格制度后，大中型项目的建筑业企业项目经理须由取得注册建造师资格的人员担任，不仅促进我国工程项目管理人员素质和管理水平的提高，而且促进我国进一步开拓国际建筑市场，更好地实施“走出去”的战略方针

（1）建造师分类及其执业范围

建造师是以专业技术为依托、以工程项目管理为主业的执业注册人员，以施工管理为主，不仅需要懂管理、懂技术、懂经济、懂法规，而且需要有组织能力。建造师分为一级注册建造师（Constructor）和二级注册建造师（Associate Constructor）。一级建造师要求具有较高的标准、较高的素质和管理水平，以利于开展国际互认。一级建造师执业资格实

行统一大纲、统一命题、统一组织的考试制度，原则上每年举行一次考试。住建部负责编制一级建造师执业资格考试大纲和组织命题工作，统一规划建造师执业资格的培训等有关工作。由于我国建设工程项目量大面广，工程项目的规模差异悬殊，各地经济、文化和社会发展水平有较大差异，以及不同工程项目对管理人员的要求也不尽相同，因而设立了二级建造师，以适应施工管理的实际需求。二级建造师（Associate Constructor）执业资格实行全国统一大纲，各省、自治区、直辖市命题并组织考试的制度。同时，考生也可以选择参加二级建造师执业资格全国统一考试，全国统一考试由国家统一组织命题和考试。自2009年起二级建造师实行地方管理和地方命题制度。

不同类型、不同性质的工程项目，有着各自的专业性和技术性，对建造师实行分专业管理，不仅能适应不同类型和性质的工程项目对建造师的专业技术要求，也有利于与现行建设工程管理体制相衔接，充分发挥各有关专业部门的作用。一级建造师设置10个专业，分别为：建筑工程、公路工程、铁路工程、民航机场工程、港口与航道工程、水利水电工程、市政公用工程、通信与广电工程、矿业工程、机电工程；二级建造师设置6个专业，分别为：建筑工程、公路工程、水利水电工程、矿业工程、市政公用工程、机电工程。考生在报名时可根据实际工作需要选择其一，建筑电气与智能化专业类属于机电工程。

取得建造师执业资格证书且符合注册条件的人员，经过注册登记后，即获得建造师注册证书，注册后的建造师方可受聘执业。建造师注册受聘后，可以建造师的名义担任建设工程项目施工的项目经理，从事其他施工活动的管理，从事法律、行政法规或国务院建设行政主管部门规定的其他业务。建造师与项目经理的区别在于两者的定位不同，建造师执业的覆盖面较大，可涉及工程建设项目管理的许多方面，而项目经理则限于企业内某一特定工程的项目管理。建造师是建筑类的一种执业资格，选择工作的权力相对自主，可在社会市场上有序流动，有较大的活动空间，担任项目经理只是建造师执业中的一项；而项目经理是一个工作岗位的名称，是企业设定并由企业法人代表授权或聘用的、一次性的工程项目施工管理者。

在行使项目经理职责时，一级注册建造师可以担任《建筑业企业资质等级标准》中规定的特级、一级建筑业企业资质的建设工程项目施工的项目经理；二级注册建造师可以担任二级建筑业企业资质的建设工程项目施工的项目经理。大中型工程项目的项目经理必须逐步由取得建造师执业资格的人员担任；但取得建造师执业资格的人员能否担任大中型工程项目的项目经理，应由建筑业企业自主决定。

（2）建造师考试报名条件

一级建造师报名条件：

凡遵守国家法律、法规，具备下列条件之一者，可以申请参加一级建造师执业资格考试：

1）取得工程类或工程经济类大学专科学历，工作满6年，其中从事建设工程项目施工管理工作满4年。

2）取得工程类或工程经济类大学本科学历，工作满4年，其中从事建设工程项目施工管理工作满3年。

3）取得工程类或工程经济类双学士学位或研究生班毕业，工作满3年，其中从事建设工程项目施工管理工作满2年。

4）取得工程类或工程经济类硕士学位，工作满2年，其中从事建设工程项目施工管理工作满1年。

5）取得工程类或工程经济类博士学位，从事建设工程项目施工管理工作满1年。

已取得一级建造师执业资格证书的人员，也可根据实际工作需要，选择《专业工程管理与实务》科目的相应专业，报名参加“一级建造师相应专业考试”，报考人员须提供资格证书等有关材料方能报考。上述报名条件中有关学历或学位的要求是指经国家教育行政主管部门承认的正规学历或学位，从事建设工程项目施工管理工作年限是指取得规定学历前、后从事该项工作的时间总和，其截止日期为报名当年年底。

二级建造师报名条件：

凡遵纪守法，具备工程类或工程经济类中专及以上学历并从事建设工程项目施工管理工作满2年，即可报名参加二级建造师执业资格考试。工程或工程经济类中专及以上学历可参照原人事部、建设部国人部发［2004］16号文件规定的专业对照表执行，专业目录未包含的其他专业由省住房和城乡建设厅与省人力资源和社会保障厅协商确定。

上述报名条件中有关学历或学位的要求是指经国家教育行政主管部门承认的正规学历或学位；从事建设工程项目施工管理工作年限的截止日期为考试当年年底。

3. 注册监理工程师

注册监理工程师是指经全国统一考试合格，取得《中华人民共和国监理工程师资格证书》并经注册登记取得《中华人民共和国监理工程师注册执业证书》后从事工程监理、工程经济与技术咨询、工程招标与采购咨询、工程项目管理服务及相关业务活动的专业技术人员。

监理工程师实行注册执业管理制度，取得资格证书的人员，经过注册方能以监理工程师的名义执业。国务院建设主管部门对全国监理工程师的注册、执业活动实施统一监督管理；县级以上地方人民政府建设主管部门对本行政区域内的监理工程师的注册、执业活动实施监督管理。监理工程师执业资格考试合格者，由各省、自治区、直辖市人事部门颁发《监理工程师执业资格证书》，该证书在全国范围内有效。

（1）注册监理工程师执业职责范围

注册监理工程师的岗位职责是根据法律法规、工程建设标准、勘察设计文件及合同，在施工阶段对建设工程质量、造价、进度进行控制，对工程合同、安全、信息进行管理，对工程建设相关方的关系进行协调。

基于工程监理对工程建设负有全面监管之责，而一般的工程建设项目在实施阶段通常包括结构、暖通、给水排水、电气、装修等内容。所以，一个项目监理机构通常由总监理工程师（负责履行建设工程监理合同、主持项目监理机构工作）、总监理工程师代表（代表总监理工程师行使其部分职责和权力）、专业监理工程师（负责实施某一专业或某一岗位的监理工作，比如结构、设备、电气、智能化、安全、工程经济等专业）和监理员（从事具体监理工作）等岗位或人员构成。

电气监理工程师的岗位职责：

1）电气监理工程师在总监理工程师领导下，带领电气监理人员进行监理工作；

2）熟悉掌握电气工程（强/弱电）设计文件、合同文件，正确解释本项目的设计图纸和合同文件、施工规范等资料；

3）管理好电气项目的技术、质量、计量、检测工作，指导监理人员做好技术方面管理和检测工作；

4）审查施工组织计划，提出电气工程各项工作流程及质量控制程序；

5）审查电气承包商分项、分部工程开工报告，检查用于电气工程的材料、施工设备；对每道工序、每个部位进行质量检查和现场监督，实施中间交工验收；系统记录和分析各部位质量；

6）及时向总监理工程师报告工程进度情况，特别是施工进度有可能导致合同工期延误时，应与总监理工程师研究处理措施，并整理报告供总监理工程师做出相应的决定；

7）按分部（子分部）、分项工程的要求，检查、验收并签认结果，并将签认资料或报表提交经济监理工程师审核；

8）调查重大电气工程质量事故，分析事故的原因和责任以及事后处理方案，向总监理工程师提交报告；

9）坚持经常性的现场检查、监督和旁站，对重要的工序严把质量关，及时对承包商在工地的人力、设备、材料等情况提出要求和建议；

10）检查和督促电气监理人员严格执行分管项目的监理程序，保证文件、表格、证明齐全，数据清楚、准确；

11）组织分部（子分部）、分项工程验收，审核有关验收资料，审查中间和最终计量支付申请并签署意见，提交经济监理工程师审核汇总；

12）定期向总监理工程师汇报工程进度、质量等方面的情况，每月向总监理工程师提交分管项目工程进度、质量报告；

13）随时检查承包商工地安全措施和旁站监理员的人身安全保障等。

（2）注册监理工程师的能力要求

注册监理工程师的专业素质，除了应具备广泛的理论知识、较强的专业技能、丰富的工程建设实践经验、良好的职业道德素养，还应包括下列能力要求：

1）组织协调能力。监理工程师经常要组织各种会议、协调有关单位的矛盾、进行费用或工期方面的索赔处理等工作，因而要求监理工程师具备较强的组织协调能力。

2）表达能力，包括书面表达能力和口头表达能力。表达能力有助于监理工程师书面提出有关的监理工作报告，有助于监理工程师组织有关会议，有助于协调有关单位的矛盾等。

3）管理能力。监理工程师要具有一定的抓主要矛盾的能力和工程预见能力。抓主要矛盾能力使监理工程师从繁杂的日常事务中解脱出来，处理关键的主要的工作，工程预见能力可以帮助监理工程师进行有效的主动控制。

4）综合解决问题能力。工程建设中的事务和问题常常不是单一的质量问题或进度、投资问题，监理工程师要具备经济、法律、管理、技术方面的知识和能力，按照合同要求和国家的法律要求、技术规范的要求并考虑相关各方的利益来处理相关的工作。

（3）执业注册考试课程及教材

1）考试

住房和城乡建设部负责组织拟定考试科目，编写考试大纲、培训教材和命题工作，统一规划和组织考前培训。人力资源和社会保障部负责审定考试科目、考试大纲和试题。考试设4个科目：《建设工程监理基本理论与相关法规》、《建设工程合同管理》、《建设工程质量、投资、进度控制》和《建设工程监理案例分析》。其中，《建设工程监理案例分析》为主观题，在试卷上作答，其余3科均为客观题，在答题卡上作答。

2）报名条件

凡中华人民共和国公民，具有工程技术或工程经济专业大专（含）以上学历，遵纪守法并符合以下条件之一者，均可报名参加监理工程师执业资格考试。

① 具有按照国家有关规定评聘的工程技术或工程经济专业中级专业技术职务，并任职满三年。

② 按照国家有关规定，取得工程技术或工程经济专业高级职务。

(4) 监理工程师注册专业类别

监理工程师资格考试时不分专业，在取得监理工程师注册资格后需要确定注册专业。即在资格证书上不需要填写专业，执业证书上是需要填写注册专业的。

监理工程师注册专业类别包括：房屋建筑工程、冶炼、矿山、化工石油、水利水电、电力、农林、铁路、公路、港口与航道、航天与航空、通信、市政公用、机电安装等专业。监理工程师可以根据学历背景或培训内容最多注册两个专业。监理工程师根据所注册的专业从事相关的工程监理工作。

4. 注册消防工程师

注册消防工程师是指经考试取得相应级别注册消防工程师资格证书，并依法注册后从事消防技术咨询、消防安全评估、消防安全管理、消防安全技术培训、消防设施检测、火灾事故技术分析、消防设施维护、消防安全监测、消防安全检查等消防安全技术工作的专业技术人员。注册消防工程师分为一级注册消防工程师和二级注册消防工程师。

根据《注册消防工程师制度暂行规定》，一级注册消防工程师资格实行全国统一大纲、统一命题、统一组织的考试制度。考试原则上每年举行一次。

公安部组织成立注册消防工程师资格考试专家委员会，负责拟定一级和二级注册消防工程师资格考试科目、考试大纲，组织一级注册消防工程师资格考试的命题工作，研究建立并管理考试试题库，提出一级注册消防工程师资格考试合格标准建议。

人力资源和社会保障部组织专家审定一级和二级注册消防工程师资格考试科目、考试大纲和一级注册消防工程师资格考试试题，会同公安部确定一级注册消防工程师资格考试合格标准，并对考试工作进行指导、监督和检查。

省、自治区、直辖市人力资源社会保障行政主管部门会同公安机关消防机构，按照全国统一的考试大纲和相关规定组织实施二级注册消防工程师资格考试，并研究确定本地区二级注册消防工程师资格考试的合格标准。

根据《注册消防工程师制度暂行规定》，对通过考试取得相应级别注册消防工程师资格证书，且符合《工程技术人员职务试行条例》中工程师、助理工程师技术职务任职条件的人员，用人单位可根据工作需要择优聘任相应级别专业技术职务。其中，取得一级注册消防工程师资格证书可聘任工程师职务；取得二级注册消防工程师资格证书可聘任助理工程师职务。

(1) 执业职责范围

注册消防工程师应当在一个经批准的消防技术服务机构或者消防安全重点单位，开展与该机构业务范围和本人执业资格级别相符的消防安全技术执业活动。

一级注册消防工程师执业职责范围包括消防技术咨询与消防安全评估、消防安全管理与技术培训、消防设施检测与维护、消防安全监测与检查、火灾事故技术分析以及公安部规定的其他消防安全技术工作。

二级注册消防工程师执业职责范围包括除 100m（含）以上公共建筑、大型的人员密集场所、大型的危险化学品单位外的火灾高危单位消防安全评估、除 250m（含）以上高层公共建筑、大型的危险化学品单位外的消防安全管理、单体建筑面积 4 万 m^2 及以下建筑的消防设施检测与维护、消防安全监测与检查以及省级公安机关规定的其他消防安全技术工作。

（2）注册消防工程师的能力要求

一级注册消防工程师：熟悉国家消防法律、法规、规章及相关规定，具有较丰富的消防安全技术工作经验；了解国际消防相关标准和技术规范，及时掌握消防技术前沿发展动态，能够独立解决重大、复杂、疑难的消防安全技术问题；熟练运用消防相关技术标准、规范和手段，圆满完成执业范围内各项工作，所签署的消防安全技术咨询和评估、消防设施检测和维护等各类技术文件准确无误，所维护的消防设施完好有效；具有较强的消防技术课题研究能力，能够应用新技术成果，指导二级注册消防工程师工作。

二级注册消防工程师：熟悉国家消防法律、法规、规章及相关规定，具有一定的消防安全技术工作经验；熟练运用消防相关技术标准、规范和手段，及时发现和解决一般性消防安全技术问题；较好完成执业范围内各项工作，所签署的消防安全技术咨询和评估、消防设施检测和维护等各类技术文件真实、完整、准确，所维护的消防设施完好有效。

消防安全技术服务活动中形成的消防安全技术文件，应当由相应级别的注册消防工程师签字，并承担相应法律责任。

（3）执业注册考试课程及教材

注册消防工程师培训课程及考试用教材包括《消防安全技术实务》、《消防安全案例分析》、《消防安全技术综合能力》等。

参考文献

[1] 高等学校建筑电气与智能化学科专业指导小组. 高等学校建筑电气与智能化本科指导性专业规范（2014年版）[M]. 北京：中国建筑工业出版社，2014.

[2] 马誌溪. 建筑电气工程（基础、设计、实施、实践）[M]. 北京：化学工业出版社，2006.

[3] 王晓丽. 建筑供配电与照明上册（第二版）[M]. 北京：中国建筑工业出版社，2018.

[4] 中国航空规划设计研究总院有限公司. 工业与民用供配电设计手册（第四版）[M]. 北京：中国电力出版社，2016.

[5] 黄民德，郭福雁. 建筑供配电与照明下册（第二版）[M]. 北京：中国建筑工业出版社，2017.

[6] 王娜. 智能建筑概论（第二版）[M]. 北京：中国建筑工业出版社，2017.

[7] 刘加平，董靓，孙世钧. 绿色建筑概论 [M]. 北京：中国建筑工业出版社，2010.

[8] 王娜. 建筑智能环境学 [M]. 北京：中国建筑工业出版社，2016.

[9] 王娜. 建筑节能技术 [M]. 北京：中国建筑工业出版社，2013.

[10] 江亿，张吉礼. 群智能建筑控制技术 [R]. 三门峡国际会展中心，2018.

[11] 沈启. 智能建筑无中心平台架构研究 [D]. 清华大学，2015.

[12] 刘云浩. 物联网导论 [M]. 北京：科学出版社，2013.

[13] 维克托·迈尔-舍恩伯格，肯尼思·库克耶. 大数据时代 [M]. 盛杨燕，周涛译. 杭州：浙江人民出版社，2013.

[14] Thomas ERL，Zaigham Mahmood，Ricardo Puttini. 云计算：概念、技术与架构 [M]. 龚奕利，贺莲，胡创译. 北京：机械工业出版社，2014.

[15] 娄岩. 物联网技术在智能建筑中的应用研究 [D]. 电子科技大学，2014.

[16] 张恒. 信息物理系统安全理论研究 [D]. 浙江大学，2015.

[17] 黄永宁. 基于群智感知的灾害数据采集、传输与应用 [D]. 南京邮电大学，2016.

[18] 董鑫. 云计算中数据安全及隐私保护关键技术研究 [D]. 上海交通大学，2015.

[19] 张继东，李鹏程. 基于移动融合的社交网络用户个性化信息服务研究 [J]. 情报理论与实践，2017，40（9）：33-36.

[20] 刘洪栋，刘军发，陈援非. 面向智能家居的个性化需求挖掘与应用 [J]. 小型微型计算机系统，2015，36（12）：2794-2797.

[21] 吴功宜，吴英. 物联网工程导论（第2版）[M]. 北京：机械工业出版社，2018.

[22] 吴功宜，吴英. 物联网技术与应用 [M]. 北京：机械工业出版社，2013.

[23] 薛燕红. 物联网导论 [M]. 北京：机械工业出版社，2014.

[24] 邢军. 面向智慧城市公共服务平台的统一身份认证平台设计与实现 [D]. 北京邮电大学，2015.

[25] 张小娟. 智慧城市系统的要素、结构及模型研究 [D]. 华南理工大学，2015.

[26] 温盛勇，罗焕佑，蔡德清. 未来城市发展新模式的探讨与分析 [J]. 科技信息，2013（34）.

[27] 马培根. 智慧城市与未来城市发展研究 [J]. 科技传播，2015，7（18）.

[28] 宋刚，邬伦. 创新2. 0视野下的智慧城市 [J]. 北京邮电大学学报（社会科学版），2012，19（4）：53-60.

[29] 王淑晶. 智慧城市信息化建设 [J]. 无线互联科技，2014（10）：122-123.

[30] 王中华. 云计算在智慧城市中的研究与应用 [J]. 信息通信，2015（11）：83-84.

[31] 崔雪娇. 云计算及其在智慧城市中的应用研究 [D]. 河北工业大学，2016.

[32] 杨玲燕. 大数据物联网在智慧城市中的应用 [J]. 中外企业家，2016 (36).
[33] 黄军. 大数据在智慧城市中的应用 [J]. 智能建筑，2017 (8)：27-29.
[34] 邹国伟，成建波. 大数据技术在智慧城市中的应用 [J]. 电信网技术，2013 (04)：25-28.
[35] 张婷. 计算机技术在智慧城市各领域中的应用 [J]. 计算机光盘软件与应用，2013 (16)：29-29.
[36] 张斌. BIM 技术在智慧城市建设中的应用 [J]. 中国建设信息化，2016 (24)：33-35.
[37] 马士玲. 物联网技术在智慧城市建设中的应用 [J]. 物联网技术，2012，2 (02)：70-72.
[38] 张慧颖. 物联网技术在智慧城市建设中的应用 [J]. 黑龙江科技信息，2013 (36)：151.
[39] 苑晨丹，张延涛，王春林. BIM 技术推进智慧城市建设 [J]. 智能城市，2016，2 (09)：16.